IHR KRIEGT DEN ARSCH NICHT HOCH

Prof. Dr.-Ing. Evi Hartmann ist Inhaberin des Lehrstuhls für Betriebswirtschaftslehre, insbesondere Supply Chain Management, an der Friedrich-Alexander-Universität Erlangen-Nürnberg. Sie forscht und lehrt intensiv an der Schnittstelle zwischen Wissenschaft und Wirtschaft, ist Mitglied im Netzwerk GenerationCEO für Frauen in Führungspositionen, Mutter von vier Kindern und lebt in Frankfurt am Main.

EVI HARTMANN

IHR KRIEGT DEN ARSCH NICHT HOCH

ÜBER EINE ELITE OHNE AMBITION

Campus Verlag
Frankfurt / New York

Für Flora, Leo, Lucie und Jakob

ISBN 978-3-593-50907-5 Print
ISBN 978-3-593-43903-7 E-Book (PDF)
ISBN 978-3-593-43904-4 E-Book (EPUB)

Copyright © 2018 Campus Verlag GmbH, Frankfurt am Main
Umschlaggestaltung: total italic, Thierry Wijnberg, Amsterdam/Berlin
Satz: Publikations Atelier, Dreieich
Gesetzt aus der Scala und der Scala Sans
Druck und Bindung: Beltz Grafische Betriebe GmbH, Bad Langensalza
Printed in Germany

www.campus.de

INHALT

DAS »BLOSS NICHT ÜBERARBEITEN!«-PHÄNOMEN

Was haben Sie heute geleistet? Und Ihre Kolleginnen und Kollegen? Mitarbeiterinnen und Mitarbeiter? Vorgesetzten? Kunden? Wenn ich diese Fragen im persönlichen Gespräch stelle, reagieren viele Menschen mit lebhaften Gefühlen. Von Resignation und Frust über Unzufriedenheit und Unverständnis bis hin zu Wut und Rachegelüsten. Sie schildern mir auch, warum.

Ein 52-jähriger Projektleiter aus dem Anlagenbau zum Beispiel erzählt: »Heute haben wir drei Arbeitspakete fertiggestellt, eine Kundentagung komplett durchorganisiert und vier neue Projekte aufgelegt. Wir rackern uns hier ab, hängen uns voll rein und halten jede Deadline, aber haben einen unglaublichen Chef. Kriegt wenig zustande, ist fachlich nicht wirklich kompetent – führt aber das große Wort und schreibt sich unsere Erfolge auf die eigene Fahne.« Dieses Phänomen beschränkt sich nicht nur auf Führungspositionen. In vielen Bereichen der Wirtschaft ist ein solches Arbeitsverhalten Prinzip.

Zum Beispiel im Projektmanagement. Die Zahlen schwanken von Unternehmen zu Unternehmen, von Projekt zu Projekt, doch grob gesagt: Von jeweils zehn Mitgliedern des Projektteams hängen sich zwei voll rein, schieben Überstunden und Wochenendarbeit und übernehmen pro Meilenstein vier, fünf Arbeitspakete – die Leistungselite. Fünf der zehn Mitglieder machen Dienst nach Vorschrift und null Überstunden, übernehmen höchstens ein einziges Arbeitspaket und würden schon den bloßen Gedanken an Wochenendarbeit mit einem Ausdruck tiefster Empörung zurückweisen. Aber das sind genau jene fünf, die in jedem Teammeeting den zwei Spitzenleistern Steine in den Weg legen, das große Wort führen, alles besser wissen und am Ende die Erfolge des ganzen Teams für sich reklamieren. Kennen Sie das? Wer kennt das nicht. Diese Leute sind überall.

Da ist zum Beispiel die 27-jährige Uni-Absolventin mit exzellenter Ausbildung: Master in Internationalem Management, Praktika in drei internationalen Konzernen, zwei Auslandsaufenthalte. Seit zweieinhalb Jahren arbeitet sie bei einem großen deutschen Mittelständler, der heftig gegen die internationale Konkurrenz und noch heftiger mit der digitalen Transformation und der Vierten Industriellen Revolution kämpft. Deshalb möchte die Geschäftsleitung der exzellent ausgebildeten, aufstrebenden jungen Frau mit den besten Voraussetzungen die Entwicklung von fünf neuen, digitalen Kundenservices an der Spitze eines Expertenteams übertragen. Das möchte das Unternehmen. Die junge Frau möchte das nicht.

Sie lehnt das zukunftsweisende und für Existenz und Erfolg des Unternehmens strategisch wichtige Spitzenprojekt ab (das für ihre eigene berufliche Zukunft sicher auch nicht gerade schädlich wäre). Weil sie schon mit ihrem normalen Job gut ausgelastet ist. Ihre Vorgesetzte ist erst einmal baff, als sie das hört:»Entschuldigung, das sind wir alle! Oder hat jemand von uns täglich noch eine Stunde frei? Hand hoch? Irgendjemand?« Ich verstehe den Sarkasmus der Vorgesetzten. Sie dachte vor bald drei Jahren, dass sie mit der jungen, bestens ausgebildeten und in anderen Belangen durchaus auch ehrgeizigen jungen Frau eine Spitzenkraft eingestellt habe. Das bezweifelt sie inzwischen. Deshalb leitet das Projekt für die neuen Services jetzt eine Produktmanagerin: Die ist ebenfalls gut ausgebildet, ebenfalls »schon mit ihrem normalen Job« mehr als gut ausgelastet – aber sie will das Projekt übernehmen. Sie will diese Extraleistung bringen, ist motiviert:»Digitale Transformation? Alle reden darüber, alle machen das, und ich kann ganz vorne und maßgeblich mit dabei sein? Mach' ich! Ich verstehe die Kollegin nicht, die kneift. Ist das die berühmte Generation Y? Wenig leisten, viel feiern?« Schön wär's ja. Dann wäre das Problem »nur« auf eine Generation beschränkt.

Tatsächlich aber zieht sich das »Bloß nicht überarbeiten!«-Phänomen durch alle Altersschichten und Hierarchieebenen, Branchen, Berufsgruppen, Unternehmen, Verbände, Vereine und Familien: Einige sind voll dabei, übernehmen Verantwortung und Aufgaben und bringen Leistung, während andere gerade einmal das Nötigste erledigen. Wohlgemerkt: Nicht, weil sie nicht könnten, am Ende ihrer Kräfte oder dem Burn-out nahe sind. Nein, wer objektiv nicht kann oder überfordert ist, den und die nehme ich ausdrücklich von jedem Vorwurf und den Überlegungen auf allen folgenden Seiten aus. Ich meine vielmehr jene, die von ihren Voraussetzungen, Qualifikationen und Fähigkeiten her durchaus in der Lage sind, die gestellten Aufgaben zu erledigen. Sie tun es bloß nicht. Und sie leiden auch nicht darunter, dass sie es nicht tun.

Im Gegenteil. Es geht ihnen gut, blendend sogar. Ist ja auch logisch: Wenn jemand eine Aufgabe, eine Verantwortung nicht übernimmt, dann erspart er oder sie sich damit erst einmal Aufwand, Stress und Energie – die dann ein anderer aufbringen muss. Denn in Beruf und Leben werden ja (meist) keine Luxusaufgaben verteilt, auf die man gut und gerne auch verzichten könnte. Was muss, das muss. Und wenn das der Leistungsverweigerer nicht macht, dann muss es eben jemand anderes übernehmen – zum Beispiel Sie und ich. Wir müssen einspringen, wenn andere kneifen. Dieses Kneifen beginnt schon ganz früh.

So gilt die erste Kandidatenfrage in Vorstellungsgesprächen heute oft nicht mehr dem Gehalt (also dem Leistungsäquivalent), sondern der Überstundenregelung (also einem Freizeitäquivalent). An den Universitäten verhält es sich nicht anders: Viele Studierende kommen nicht zum vereinbarten Gesprächstermin des Briefings für ihre Masterarbeit. Sie tippen danach, praktisch ohne professorale Maßgabe und nach Gutdünken, ihre Seiten runter, und wenn am Ende nicht die Wunschnote herauskommt, fangen sie mit Verve an nachzukarten und nachzuverhandeln – anstatt diesen Fleiß von vorneherein in Briefing, Abstimmung mit dem Betreuer, Recherche und Textgestaltung einfließen zu lassen.

Personalchefs von Unternehmen sind mit dem »Bloß nicht überarbeiten!«-Phänomen bestens vertraut. Der Personalvorstand eines Konzerns zum Beispiel beugte sich beim Pausenkaffee einer Fachveranstaltung über den Stehtisch und raunte: »Können Sie sich das vorstellen? Wir interviewen einen Kandidaten für eine Großprojektleitung, 23,5 Millionen Budget, sechsstelliges Gehalt, und der fragt mich doch tatsächlich, ob Überstunden abgegolten oder abgefeiert werden – er frage wegen des Freizeitwerts der Stelle! Ich wäre fast vom Stuhl gefallen. Würden Sie so jemanden einstellen? Würden Sie so jemandem ein Millionenprojekt anvertrauen? Jemandem, der schon beim ersten

Gespräch nicht über seine Leistungsbereitschaft redet, sondern über seine Freizeitbereitschaft? Mensch, die Arbeit ist doch nicht weniger geworden, bloß weil jetzt alle nach Work-Life-Balance rufen!«

Die Arbeit ist in vielen Unternehmen nicht weniger, sondern mehr geworden, zum Beispiel wegen der Digitalisierung. In der aktuellen, regelmäßig erscheinenden »Change-Fitness-Studie« der Wiesbadener Unternehmensberatung Mutaree geben zum Beispiel 79 Prozent der befragten Führungskräfte an, dass sie für die ihnen zusätzlich aufgebürdeten digitalen Change-Projekte keinerlei Entlastung im Tagesgeschäft erfahren:[1] Die Projekte werden einfach obendrauf gepackt. Und eben nicht allen Beschäftigten im gleichen Maße, sondern meist einer kleinen Gruppe Leistungsträgern, die sowieso schon mächtig unter Druck stehen: und seit der Digitalisierung nun eben noch ein wenig – oder sehr viel – mehr.

Der US-Forscher Robert Paulsen fand heraus, dass in der Arbeitswelt und insbesondere in deren Büros vielfach eine Kultur der Verlogenheit und Leistungsvermeidung vorherrscht. Viele der Auskunftspersonen seiner Studie[2] gaben an, keinen Sinn in ihrer Arbeit zu sehen und lediglich zur Arbeit oder ins Büro zu gehen, um ihre Rechnungen bezahlen zu können. Paulsen bestätigt die Beobachtung, dass darüber natürlich keiner offen spricht (außer in anonymisierten Studien), um nicht gegen die herrschenden Regeln am Arbeitsplatz zu verstoßen und um nicht die eigene berufliche Existenz zu gefährden. Schließlich braucht man den Arbeitsplatz – um Rechnungen bezahlen zu können. Man arbeitet, weil man arbeiten muss, nicht um Leistung zu erbringen.

Diese Einstellung greift in jüngster Zeit epidemisch um sich. Eine andere amerikanische Studie über die Millenials zeigt: Die Generation X (die 30- bis 45-Jährigen) und die Babyboomer führten in ihren Top-5-Gründen, warum ihre Generation einzigartig und anders als andere Generationen sei, wie selbstverständlich auch das Thema »Arbeitsmoral« mit auf (GenX : Platz 2, Babyboomer: Platz 1). Bei der Befragung von Generation Y taucht die Arbeitsmoral erst gar nicht in der Liste der Top 5 auf. Hingegen nennt die Gen Y erstmals in dieser Liste Musik, Popkultur und Kleidung als herausragende Merkmale, die sie von anderen Generationen abhebt: Arbeit und Leistung sind offiziell abgemeldet.[3]

Menschen wollen immer noch Firmen gründen, die Welt verändern, Projekte vorantreiben, Aufgaben stemmen, Krankheiten heilen, Patente anmelden, Erfindungen machen, Erfolge erzielen, Meisterschaften gewinnen, Preise erringen, Nationen lenken, Institutionen gründen, Unternehmen führen, Märkte erobern, Deals abschließen, Akquisen stemmen und Karriere machen. Die sind nicht das Problem. Das Problem sind jene, die das nicht (mehr) wollen. Manche Menschen wollen leisten. Andere wollen das neueste Handy, um fünf Uhr Feierabend und jede Überstunde bezahlt. Das ist nicht bloß ein Trend.

Es ist die Katastrophe. Die Haltung, nichts Wesentliches mehr ändern, nichts Großes mehr leisten, nichts Wegweisendes mehr erreichen zu wollen, breitet sich immer weiter aus. Und das, während die Menschheit vor großen Aufgaben steht. Oder vielleicht gerade deswegen? Weil man vor lauter Anforderungen lieber gar nicht mehr hinschauen will? Das Klima kollabiert, die Meere werden zugemüllt, die Populisten übernehmen Regierungen, die digitale Revolution bedroht Unternehmen und Arbeitsplätze – und jene, die sich der Probleme annehmen sollten, fragen erst einmal nach dem nächsten Handy, der Überstundenregelung und ihrer persönlichen Work-Life-Balance? Was um Himmels

Willen soll man mit solchen Leuten anfangen? Die retten die Welt nicht. Und auch nicht die Firma. Die retten nicht mal sich selbst. Wohlgemerkt: Wer heute mit diesen globalen Problemen konfrontiert ist, hat sie natürlich meist nicht verschuldet – weil er oder sie schlicht zu jung dafür ist. Schuld trifft die ältere Generation. Aber es geht hier nicht um Schuld. Es geht darum, wer die Sauerei wegmacht. Und das sind sicher nicht jene, die Tag für Tag pünktlich um fünf Uhr Feierabend machen, was schon schlimm genug ist. Es kommt schlimmer.

Ich habe Ihnen bislang nur die halbe Wahrheit erzählt. Die halbe Wahrheit ist die grassierende Leistungsverweigerung in unserer Gesellschaft. Die halbe Wahrheit sind jene, die nicht mehr leisten als unbedingt nötig, die mit angezogener Handbremse, in Schonhaltung arbeiten, kein über das Nötigste hinausgehendes Engagement oder Commitment zeigen oder für nötig halten, die mit ihrer Leistung schon zufrieden sind, wenn sie absolut durchschnittlich ist, die Dienst nach Vorschrift tun und die unter Work-Life-Balance »viel Life, wenig Work« verstehen. Die ganze Wahrheit ist: Diese Leute, die nicht das leisten, was sie zu leisten imstande sind, halten sich tatsächlich für etwas Besseres. Auch das erzählen mir viele.

Projektleiterinnen und -leiter klagen mir regelmäßig: »Die Leute mit den wenigsten Arbeitspaketen im Projekt sind meist jene, die notorisch vorgeben, alles besser zu wissen als jene mit vielen Arbeitspaketen. Wahrscheinlich, um ihre Arbeitsvermeidung zu kaschieren oder um ihr schlechtes Gewissen zu beruhigen.« Oder wegen des Dunning-Kruger-Effekts. Der meist populärwissenschaftlich zitierte Effekt, der eine verbreitete kognitive Verzerrung bezeichnet, geht auf die beiden US-Forscher David Dunning und Justin Kruger zurück. Er beschreibt die Tendenz von weniger kompetenten

Personen, sich selbst zu überschätzen und das Können von fähigeren Personen dafür zu unterschätzen. Weil der Effekt im Arbeitsalltag so oft zu erleben ist, haben sich zynische Bürosprüche etabliert wie »Wer wenig arbeitet, soll wenigstens viel meckern.« Besserwisserei statt Leistung – auch eine Begleiterscheinung des »Bloß nicht überarbeiten!«-Phänomens. Unsere Gesellschaft ist krank.

Sie bestraft die Leistung ihrer Leistungselite und belohnt die großmäulige Selbstdarstellung einer leistungsverweigernden Pseudo-Elite, die deutlich weniger leistet, sich aber für etwas Besseres hält. Wer etwas bewegen will, kriegt Steine in den Weg gelegt, unsachliche Kritik, im besten Falle Undank. Wer sich den Hintern breitsitzt, Maulaffen feilhält und nur das Nötigste schafft, bekommt freie Hand – aber nichts gebacken. Und das, während die Menschheit vor einem der größten Umbrüche in ihrer Geschichte steht und zahllose Herausforderungen meistern muss.

Wer soll das alles bewältigen? Etwa die Leistungsvermeider?

> »Eure Arbeit wird einen großen Teil eures
> Lebens einnehmen und die einzige
> Möglichkeit, wirklich zufrieden zu sein, ist,
> dass ihr glaubt, dass ihr großartige Arbeit
> leistet. Und der einzige Weg, großartige Arbeit
> leisten zu können, ist zu lieben, was ihr tut.«
>
> *Steve Jobs, Rede vor Stanford-
> Universitätsabsolventen, 1995*

1 MEHR LEISTUNG, MEHR ELITE, BITTE!

WAS IST ELITE?

Wann haben Sie Ihr letztes Gesetz verabschiedet?
Noch nie?
Ich auch nicht. Müssen Sie und ich auch absehbar nicht.
Dafür haben wir unsere traditionelle politische Elite. Oder:
Wann haben Sie zuletzt 50 Ingenieure eingestellt? Brauchen
wir ebenfalls nicht. Das macht unsere Wirtschaftselite.

Zwei Eliten – Polit- und Wirtschaftselite – ein Begriff:
Elite. Es ist der traditionelle Elitebegriff, der heute im Alltag verwendet wird, um jene Menschen zu erfassen, die
»das Land regieren und die Wirtschaft lenken«, wie es Leiter von Elitehochschulen gerne bei Absolventen-Abschluss-
feiern mit entsprechendem Pathos betonen. Dabei geht es
um Macht und um Gestaltungskraft. Grob ausgedrückt:
Wer sich in einer Spitzenpositionen befindet, gehört gemeinhin zur Elite. Andere nennen das auch »das Establish-
ment«. Beide Begriffe dienen dazu, jene zu identifizieren

und zu verorten, die gemeinhin als »führend« in Wirtschaft, Politik und Gesellschaft betrachtet werden. Es gelingt damit auch eine relativ einfache Sprachregelung: Der CEO eines Großunternehmens gehört zur Wirtschaftselite, weil er CEO ist. Die Harvard-Absolventin ist Teil der Bildungselite. Trump zählt zur politischen Elite, weil er zum Präsidenten gewählt wurde. Noch einmal: So lautet das bislang übliche Begriffsverständnis von »Elite«. Umgangssprachlich übersetzt: Die da oben. Die Experten, Prominenten, Politiker, Millionäre, Milliardäre und Nobelpreisträger. Sie und ich sind bestens versorgt mit Eliten. Wir haben so viele davon. Diese soziodemografische Definition der Elite hat sich in ihrer Aussagekraft auch bewährt. Sie hat zwar, wie alle Definitionen, blinde Flecken. Doch das ist normal und in Ordnung: Eine halbwegs zutreffende Begriffsbildung eines komplexen Zusammenhangs kann und möchte niemals alles Denkbare abschließend erklären. Es bleibt immer ein Rest, es bleiben Austastungslücken.

In einem dieser blinden Flecken treffen wir auf eine interessante Diskrepanz, wenn wir zum Beispiel zwei Angehörige der Führungselite miteinander vergleichen. Nehmen wir zwei CEOs oder Vorstände ein und desselben Unternehmens unter die Lupe. Beide bekleiden nacheinander dieselbe Position.

Der eine gründet das Unternehmen, kniet sich zwölf Stunden am Tag rein, fängt mit fünf Mitarbeitern an und hört mit 50 000 auf. Der andere, der ihm folgt, ist bekannt dafür, dass er sich öfter bei gesellschaftlichen Anlässen sehen lässt als bei richtungsweisenden Meetings seiner Hauptabteilungen und für sein sparsames Engagement in strategischen Entwicklungsprojekten. Er pflegt eine nicht nur an diesen beiden Indizien beobachtbare Schonhaltung und wirtschaftet das Unternehmen in Folge auf 20 000 Mitarbeiter herunter. Beide Unternehmenslenker würden wir unter großzügiger Anwendung des traditionellen Elitebegriffs wahlweise oder summarisch als Angehörige der Bildungs- oder Wirtschaftselite bezeichnen. Der klassische Elitebegriff passt auf beide, ohne Zweifel, aber eben mit Austastungslücke. Folgen wir der stark verkürzten Meinung von Shareholdern und Analysten, können wir sagen: Der eine Elite-Angehörige hat ein Unternehmen gegründet, aufgebaut, 50 000 Arbeitsplätze und Milliardenwerte geschaffen. Der andere hat nicht wegen der Unwägbarkeit des Marktes, sondern aufgrund seiner eigenen Schonhaltung einige Milliarden und Zehntausende Arbeitsplätze vernichtet. Obwohl der Unterschied in ihrer Leistung nicht größer sein könnte, zählen beide zur Elite, so wie sie bislang verstanden wird.

In diesem Spannungsfeld bewegt sich dieses Buch: Es gibt Angehörige der traditionellen Elite, die Großes, Herausragendes, weit Überdurchschnittliches leisten. Und es gibt solche, die das nicht tun. Sie vernichten Werte, treiben Banken in staatliche Rettungsprogramme, zerstören Unternehmen, lehnen Projekte ab, fragen beim Bewerbungsgespräch erst mal nach der Work-Life-Balance oder tun schlicht und einfach nicht das, was getan werden muss. Was ist der Unterschied zwischen beiden Gruppen?

DIE LEISTUNGSELITE UND DIE PSEUDO-ELITE

Leider sagt der traditionelle Elitebegriff nichts aus über den Wertbeitrag eines Menschen für die Gesellschaft, für das Unternehmen oder die Familie, in der oder dem er lebt und arbeitet. Der Begriff sagt lediglich, zu welcher sozialen oder demografischen Schicht jemand gehört. Nicht, was dieser Jemand leistet. Ein wesentlicher Punkt bleibt außen vor: Leistung. Und um Leistung soll es in diesem Buch gehen. Deshalb halte ich es auch für sinnvoll, Elite anders zu definieren als soziodemografisch. Echte Elite ist Leistungselite. Das sind Menschen, die sich durch Leistung auszeichnen, die Herausragendes leisten. Diese Menschen zähle ich zur Leistungselite. Es spielt dabei überhaupt keine Rolle, welche Position in der Hierarchie eines Unternehmens sie einnehmen oder welcher sozialen Schicht sie angehören. Zur Leistungselite zählen alle, die ihre Möglichkeiten und Fähigkeiten ausschöpfen, die vollen Einsatz zeigen und Überdurchschnittliches vollbringen.

Es gibt aber auch Menschen, die nur so tun, als gehörten sie zur Elite. Sie bringen die besten Voraussetzungen mit, um ebenfalls Herausragendes zu leisten – aber sie tun es nicht. Sie tun nur das Nötigste und arbeiten im Schongang. Ihrer – theoretischen – Möglichkeiten sind sie sich jedoch nur allzusehr bewusst – und das reicht ihnen, um sich der Elite zugehörig zu fühlen. Mehr noch: Sie finden sich selbst besonders clever, weil sie weniger tun als die Vielleister, weil sie ihren Freizeitwert maximieren und gleichzeitig auf die echte Leistungselite herabschauen, sie abwerten und behindern. Wir nennen sie im Folgenden »Pseudo-Elite« und ihre Angehörigen der Kürze wegen »Elitisten«.

Versuche ich, den Unterschied zwischen Leistungselite und Pseudo-Elite anderen zu erklären, dann reagieren die Zuhörer meist nicht so gelangweilt wie bei anderen Definitionsversuchen. Spätestens wenn der Begriff »Pseudo-Elite« fällt, fangen die Ersten an zu nicken. Andere rollen mit den

Augen und fangen an zu grinsen. Wie zum Beispiel die 29-jährige Jungmanagerin, die dann spontan ausrief:»Kenne ich! Ich schufte mich hier bucklig, die Kollegen machen sich einen faulen Lenz – aber wissen alles besser!« Oder der Architekt aus einem größeren Büro, der klagte:»Ich besuche meine Baustellen ungefähr doppelt so oft wie viele meiner Kolleginnen und Kollegen. Deshalb gibt es auf meinen Baustellen weniger Probleme, Missverständnisse und Verzögerungen. Aber das wird mir hier im Büro nicht gedankt. Im Gegenteil. Einige der Kollegen nennen mich ›Maurer-Kumpel‹.«

Wenn ich solche Klagen in informellen Gesprächen oder bei Vorträgen, zu denen ich als Rednerin eingeladen werde, einfließen lasse, ernte ich zustimmendes Kopfnicken von einigen.

Aber es gibt immer welche, die nicht mitnicken. In jeder Gruppe, jedem Publikum jedes Vortrags. Wer stimmt nicht zu? Natürlich: Menschen, die am Arbeitsplatz, in Projekten oder im Büro selbst das große Wort führen, ohne die große Leistung zu bringen. Menschen, die reden, während andere leisten. Menschen, die sich dazu berechtigt fühlen, die meinen, sie hätten einen Anspruch darauf: Sie zeichnen sich durch ihren Anspruch aus, nicht durch ihre Leistung. Es ist nicht polemisch, zu sagen: Sie zeichnen sich durch das Gegenteil aus, durch ihre Leistungsvermeidung. Der US-Forscher Robert Paulsen fand in seinen Interviews mit Beschäftigten heraus, dass eine der beliebtesten Arbeitsvermeidungsaktivitäten das private Surfen in sozialen Medien wie Facebook oder Twitter ist. Andere Vermeidungsaktivitäten während der Arbeitszeit sind der private Onlineeinkauf oder der Besuch pornografischer Websiten.[4] Zu dieser sich teilweise explosionsartig verbreitenden Schonhaltung trägt auch der Zeitgeist bei.

Angesichts zunehmender stressbedingter Krankschreibungen und deren teilweise hysterischen Thematisierung in den Medien hat sich die übergeneralisierende Ansicht breit gemacht, dass Arbeit an sich schädlich sei. Also versuchen immer mehr Menschen, die objektiv absolut leistungsfähig wären, sozusagen prophylaktisch im Sinne der eigenen Gesundheitsvorsorge so viel Arbeit wie möglich zu vermeiden. Arbeit wird zunehmend nicht mehr als Chance für Leistung und Selbstverwirklichung betrachtet, sondern als notwendiges und darüber hinaus gesundheitsschädliches Übel, dem man am besten durch eine Neuorientierung als Influencer auf Instagram entkommen kann. Oder indem man nach der ersehnten Beförderung ins eigene Büro die Tür hinter sich zumacht und bei solider Bezahlung dann ungestört und größtenteils unbeobachtet Arbeitsvermeidung und Selbstoptimierung betreibt. Die Ausflüsse dieser um sich greifenden Schonhaltung erleben wir alle täglich.

In jedem verdammten Meeting mit 15 Teilnehmern arbeiten fünf ernsthaft an der Sache mit, während drei Teilnehmer die andern mit ihren Ausschweifungen aufhalten und langweilen. Deshalb sind Meetings so legendär ineffizient. Während die fünf, die mitarbeiten, jeweils drei Aufgaben oder Maßnahmen übernehmen, übernehmen jene, die im Meeting Reden schwingen, jeweils nur eine. Wenn ein Angestellter diese Standard-Story aus dem Büroalltag über die Umtriebe der Pseudo-Elite erzählt, nicken immer einige mit. Andere verstehen das nicht.

Warum nicht?

Naheliegender Verdacht: Weil sie selbst zur Pseudo-Elite gehören. Sie sehen nicht ein, warum sie den anderen nicht erklären sollten, wie die Arbeit zu machen ist, während die anderen die Arbeit tatsächlich machen. Sie halten das eine für so gut wie das andere. Sie können einfach nicht verstehen, warum das nicht in Ordnung sein soll. Die Pseudo-Elite könnte einen in den Wahnsinn treiben. Wie gut, dass es noch die echte Leistungselite gibt.

WAS MACHT DIE LEISTUNGSELITE?

Beantworten wir die Frage am Beispiel eines mittelständischen Unternehmens, das motorisierte Reinigungsgeräte für Haushalt und Gewerbe herstellt. Die Geschäftsleitung muss kurzfristig und ungeplant auf eine überraschende Produktoffensive der Konkurrenz reagieren: »Wir brauchen einen neuen Staubsauger für Allergiker!« Der Entwicklungschef schüttelt den Kopf: »Meine acht Entwickler sind schon zu 120 Prozent mit den neuen Hochdruckreinigern und 27 anderen Entwicklungsprojekten ausgelastet. Wir haben null Kapazität frei! Wir brauchen mehr Entwickler!« Die kriegt er aber nicht, weil kein Geld dafür da ist. Der Geschäftsführer könnte nun die Prioritäten innerhalb des Projektmanagements neu verteilen, sprich andere Projekte nach hinten schieben. Aber da Projekte ex definitionem zeitlich exakt terminierte Aufgaben sind, ist das kaum möglich. Außerdem ist sich die erweiterte Geschäftsführung einig: »Es gibt keine Streichkandidaten! Wir können auf kein Projekt verzichten!« Ein Verzicht würde ja auch bedeuten, dass irgendwer irgendwann ein verzichtbares Projekt aufgelegt hat – so ineffizient arbeitet die Wirtschaft dann doch nicht. Deshalb klappert der Geschäftsführer höchstpersönlich alle Entwickler bittend ab: Kein Erfolg. Alle lehnen überlastet und höflich bis empört ab. Daraufhin sagt der Geschäftsführer, wie üblich: »Das muss aber!« Alle gucken weg, zum Fenster raus, aufs Handy, in den Computer. Nur einer nicht. Tada: Leistungselite.

Dieser eine Entwickler tut, was alle anderen – mit guten Gründen – nicht tun können und wollen. Im Amerikanischen haben sie einen Ausdruck für diesen einen Entwickler: Er geht die »Extra Mile«. Er geht dahin, wo's wehtut, er macht die ganz großen Sprünge, die Quantensprünge, bringt die Spitzenleistung, übernimmt das Himmelfahrtskommando, die Mission Impossible. In jeder Abteilung, jedem Team, jedem Verein, jeder Mannschaft und Regierung, jedem Ministerium, jedem Kabinett und jeder Familie gibt es (mindestens) eine Person, die das tut. Das ist die Leistungselite. Die echte Elite. So etwas machen Sie auch oft? Die ungeliebten Arbeiten in Haushalt, Familie, Nachbarschaft, Abteilung oder Unternehmen übernehmen? Dann erfüllen Sie ein erstes Kriterium der Leistungselite. Sie leisten da, wo andere weggucken. Es gibt weitere Kriterien.

Der erwähnte Entwickler, nennen wir ihn Marc, sagt: »Ich übernehme das. Aber ich arbeite dafür halbtags von zu Hause aus. Wenn hier im Büro alle fünf Minuten wer was von mir will, schaffe ich das nie.« Leuchtet ein? Ihnen und mir. Und vier der anderen sieben Entwickler (sorry, in diesem Unternehmen gibt es keine Entwicklerinnen – noch nicht). Drei der Kollegen aber mosern: »Warum darf der im Homeoffice arbeiten? Wir beantragen das seit Monaten und der darf das als Einziger? Warum?« Antwort: Weil er das macht, was ihr nicht könnt oder wollt! »Das ist aber ungerecht!« Sagt wer? Sagen die drei Entwickler, die dieses Projekt lieber nicht entwickeln wollen und Marc überlassen, über den sie nun herziehen. Wenig bringen, aber viel fordern. Und das mit einer Selbstverständlichkeit, mit einer hundertprozentig schamfreien Anspruchsmentalität, die atemberaubend ist – für Angehörige der Leistungselite. Für die Pseudo-Elite ist dieses Verhalten ganz normal. Deshalb versteht die Pseudo-Elite auch nicht, worüber Sie und ich uns so aufregen.

Was uns nicht daran hindert, das zweite Kriterium für »Leistungselite« schlussfolgernd zu notieren: Die Leistungselite analysiert, identifiziert, organisiert und fordert dezidiert jene Voraussetzungen, die für ihre Extraleistung nötig sind. Die Pseudo-Elite tut das nicht.

Sie hält das Homeoffice von Marc nicht für eine Voraussetzung seiner Höchstleistung, sondern für eine Ungerechtigkeit, eine Bevorzugung, eine unfaire Besserstellung, ein unverdientes Privileg, eine Pfründe, einen Distinktionsgewinn, eine Statustrophäe. Sie sind sauer auf Marc, weil er etwas hat, was sie nicht haben. Das ist typisch für die Pseudo-Elite.

Entwickler und Dipl.-Ing. Marc also übernimmt das Superprojekt. Drittes Identifikationskriterium für Leistungselite: Marc übernimmt das Projekt nicht zwangsweise, auch wenn die Sachzwänge nicht von der Hand zu weisen sind. Kein Vorgesetzter zwingt ihn dazu (was auch weder arbeitsrechtlich noch praktisch möglich wäre). Er übernimmt das Himmelfahrtskommando freiwillig. Trotz totaler Überlastung. Aus eigenem Antrieb. Warum, um Himmels Willen? Wie tickt jemand, der so etwas »Spinnertes« tut?

WIE DIE LEISTUNGSELITE TICKT

Zur Leistungselite zählen Menschen, die gerne (deutlich) mehr leisten als das Nötigste, Übliche, das Minimum.

Was eine Beschreibung und keine Erklärung ist. Warum leisten die/wir/Sie mehr als absolut nötig? Vor allem dort, wo die meisten anderen sich lieber zurückhalten, einen schlanken Fuß machen, keine Zeit, keine Lust oder etwas ganz anderes zu tun haben?

Weil sie, ich und – ich hoffe doch – auch Sie *gerne* unser ganzes Leistungspotenzial ausleben, gerne in die Vollen gehen, nichts von unnötiger Schonung halten. Bitte verwechseln Sie diesen Willen zur Leistung nicht mit »Competitiveness«, mit Medaillenhunger: Der Erfolgshungrige liebt den Erfolg. Er möchte die Medaille, den »Verkäufer des Monats«, den »besten Papa der Welt«. Leistung ist für ihn Mittel zum Zweck. Zum Zwecke des Erfolgs. Nichts dagegen! Auch ich mag Erfolg mehr als Misserfolg. Das erklärt jedoch nicht, warum die Leistungselite auch da leistet, wo es keinen Erfolg zu ernten gibt.

Wenn ich einen Vorstand frage, warum er ein Projekt aufgeschient und durchgepäppelt hat, für das er die erhobene Augenbraue vom Aufsichtsrat, die Schelte der Bilanzpressekonferenz und den stillen Hohn der Konkurrenz erntet, wo er seine Gehaltsmillionen plus Bonus und Aktienanteile doch auch ohne das lästige Projekt bekommen hätte, sagt er mir: »Weil das nötig war. Das sehe ich doch! Wenn das andere nicht sehen, ist das deren Problem.« Das ist typisch für die Leistungselite: Sie leistet mehr als das, was »eigentlich reicht«. Ob mit oder ohne Erfolg. Sie schätzt zwar Erfolg, sehr sogar, aber Leistung noch mehr.

WAS DIE LEISTUNGSELITE SAGT

Erste Indizien dafür, dass jemand zur Leistungselite gehört, sind Alltagsaussagen, die etwas über die eigene Einstellung zu Arbeit und Leistung verraten:

- »Ich kann an Arbeit einfach nicht vorbeigehen.«
- »Schon mein Opa sagte: ›Was immer deine Hände zu tun vorfinden, das tue!‹«
- »Der Herrgott hat mir meine Hände nicht gegeben, damit ich sie in den Schoß lege.«
- »Das muss erledigt werden – soll ich etwa warten, bis jemand anderer vorbeikommt?«
- »Ich kann das nicht rumliegen sehen!«
- »So geht das aber nicht raus! Das muss besser werden!«
- »Das sind wir dem Kunden schuldig.«
- »Das können wir besser!«
- »Geht nicht, gibt's nicht!!«
- »Wir machen, was möglich ist, nicht, was bloß nötig ist.«
- »Mehr ist besser. Besser ist besser.«
- »Was man gut kann, kann man auch besser machen.«

Denken oder sagen Sie so etwas auch öfter? Hören Sie solche Sätze von Kolleginnen oder Mitarbeitern? Dann sind Sie bei der Leistungselite. Die Leistungselite ist überall – nicht nur in Harvard, an der Wall Street oder an der Spitze des eigenen Unternehmens. Um zur echten Elite zu gehören, muss man nicht mit Adelstitel geboren sein. Leistung adelt, nicht nur Stand, Geburt oder Status.

Die Laborleiterin in einem Pharmaunternehmen erzählte: »Ich habe vor einigen Wochen eine neue Mitarbeiterin eingestellt: eine Offenbarung!« Ich fragte, wieso. Sie entgegnete: »Die sagt Dinge, die habe ich noch nie gehört. Sie sagt zum Beispiel: ›Kann ich Ihnen diese Aufgabe abnehmen?‹ Oder auch: ›Was kann ich sonst noch für Sie tun?‹«

Ich fragte sie, was sie denn sonst so von ihren Mitarbeitenden hört. Sie lachte trocken und zählte dann auf, was sie sonst so hört: »Was? Auch das noch?«, »Wir haben noch genug anderes zu tun!«, »Muss das jetzt sein?«, »Heute nicht, morgen vielleicht.« Das ist normal, das sagen wir alle hin und wieder. Der Übergang zur Pseudo-Elite liegt in und bei folgenden autobiografischen Aussagen, die wir ebenfalls alle Tage hören – auch die Pseudo-Elite ist überall:

- »Das ist nicht mein Job (meine Aufgabe, Zuständigkeit, Verantwortlichkeit, Baustelle)!«
- »Dafür habe ich jetzt keine Zeit!«
- »Wird schon wer machen.«
- »Warum hat … (Kollege, Mitarbeiter, Vorgesetzter, wer auch immer) das nicht längst erledigt?«
- »Och, das liegt hier schon so lange rum.«
- »Das reicht doch völlig, macht keinen Aufstand!«
- »Der Kunde kann das doch eh nicht schätzen.«
- »Das merkt der Kunde doch nicht.«
- »Und wenn er es merkt, kann er es ja zurückschicken.«
- »So haben wir das schon immer gemacht.«
- »Das ist einfach nicht möglich.«
- »Mehr ist nicht drin.«

Diese Sprüche kommen uns bekannt vor? In der Tat. Wir hören sie ständig. Manche von uns nehmen das schulterzuckend zur Kenntnis: »So sind die Leute halt.« Andere regt das auf – noch ein Kriterium für Zugehörigkeit zur Leistungselite. Wer Leistung liebt, den regt »G'Schlamp« auf, wie es im Süden heißt.

Als ich einmal in einem meiner Vorträge über dieses Thema sprach, fragte eine Zuhörerin: »Also reden wir über Perfektionisten, Pedanten und Burn-out-Kandidaten?« Guter Hinweis.

WARUM DIE LEISTUNGSELITE GERNE LEISTET

Wer über Leistungsliebe diskutiert, landet fast zwangsläufig bei drei Extremen: Perfektionismus, Pedanterie und Burnout. Bezeichnenderweise fallen mir auf Anhieb keine Mitglieder der Leistungselite ein, die jemals einen Burn-out erlitten hätten oder als notorische Pedanten bekannt wären. Ich würde sogar die These wagen, dass echter Leistungswille weitgehend vor Burn-out und anderen Malaisen immunisiert. Das mag daran liegen, dass Leistungsträger wissen oder ahnen: Pedanterie *ist* keine Leistung, sondern *verhindert* sie. Wer pedantisch noch die Fußmatte vom Jet mit dem Mikrometer nachmisst und mit dieser unnützen Haarspalterei den ganzen Laden aufhält, verhindert, dass das Flugzeug rechtzeitig aus dem Hangar rollt: Das ist das Gegenteil von Leistung. Die Leistungselite ist eben nicht leistungs*getrieben*. Sie leistet aus freien Stücken. Weil sie gerne leistet. Weil es ihr um Leistung geht und nicht um Pedanterie, Gratifikation oder Selbstaufopferung. Warum leistet die Leistungselite so gerne? Dafür gibt es viele Gründe:

- Weil Leistung eine exzellente Chance auf Selbstentfaltung und Selbstverwirklichung bietet. Ein Couch-Potato ist auf der Couch vielleicht zufrieden, aber vom Glück der Selbstverwirklichung kann dabei kaum geredet werden. Der Mensch ist auf Selbstentfaltung ausgelegt. Auf der Couch entfaltet sich nichts, nicht mal die Verdauung.
- Damit ist Leistung auch die beste Chance auf Authentizität: Indem ich mich leistend artikuliere und entfalte, drücke ich nicht nur etwas aus, das »meins« ist, sondern stärke damit auch das, was mich im Innersten ausmacht.
- Was die Happyologie, die Wissenschaft vom Glück, herausgefunden hat: Machen macht Menschen glücklicher

als Haben. Eine freudvolle Tätigkeit macht länger und tiefer glücklich, als etwas Schönes einzukaufen.

- Weil die Elite es einfach schön findet, nach erledigtem Job das Häkchen an eine Aufgabe zu machen: geiles Gefühl. Wieder etwas geschafft. Sieht doch gut aus, oder? Haben wir wieder tadellos hingekriegt.

Wer sich nach getaner Arbeit solche wärmenden Gedanken macht, erlebt einen intensiven Endorphinstoß: Und ich sah, dass es gut war. Ich behaupte: Es gibt kein besseres Gefühl. Ich weiß, dass die Erfolgsliteratur das vom Erfolg behauptet. Das gilt unzweifelhaft für jene Menschen, die den Lorbeerkranz brauchen.

Oder wie John Candy im Film *Cool Runnings* zum Steuermann des jamaikanischen Viererbobs sagt: »Eine Goldmedaille ist eine wunderbare Sache. Aber wenn du nicht gut genug ohne eine bist, bist du niemals gut genug mit einer.«

DER UNTERSCHIED ZWISCHEN ERFOLG UND LEISTUNG

Die Medaille ist Sinnbild des Erfolgs. Leistung ist etwas ganz anderes. (Manche) Spitzenathleten wissen das. Über eine Goldmedaille entscheidet manchmal die Tagesform, der Zufall, das Wettkampfglück. Über den Markterfolg von Managern, Produkten und Unternehmen entscheiden auch die Konjunktur, die Konkurrenz, das Weltgeschehen – alles Faktoren, die ein Manager – und sei er auch noch so gut – nicht beeinflussen kann. Deshalb kann er trotzdem exzellente Leistung bringen.

Leistung ist das, salopp gesprochen, was man in ein Vorhaben reinsteckt. Ergebnis ist das, ebenso salopp, was dabei herauskommt. Leistung schafft Zukunft (Ergebnis), sowohl auf individueller Ebene der Selbstverwirklichung als auch auf gesellschaftlicher Ebene, zum Beispiel bei gesellschaftlichen Herausforderungen wie der Digitalisierung: Niemand weiß, ob es in zehn Jahren noch Automobilhersteller in Deutschland gibt (Zukunft, Ergebnis). Doch wenn sich die Leistungsträger in den Konzernen nicht mächtig nach der Decke strecken und E-Autos, autonome Autos und alternative Mobilitätskonzepte entwickeln (Leistung), wird es ganz sicher keine oder kaum mehr welche geben (Ergebnis). Ich weiß, die Unterscheidung zwischen Leistung und Erfolg ist schwer zu verstehen. Spitzensportler verstehen sie.

Der ehemalige Weltklasseschwimmer Michael Groß sagte im FAZ-Interview über eines seiner legendären Rennen: »Da sind wir viereinhalb Sekunden unter dem Weltrekord gewesen, ein traumhaftes Rennen, es hat eigentlich alles gepasst. Und trotzdem sind wir nur Zweiter geworden, hinter den Amerikanern. Das hat mich bis heute insofern geprägt, weil ich den Unterschied zwischen Leistung und Erfolg gelernt habe. Du kannst die höchste Leistung bringen und trotzdem nicht erfolgreich sein.« Dennoch weiß der Sportler, dass er die beste Leistung erbracht hat und bewertet das Rennen als »traumhaft«: Leistungsträger ziehen ihre Lebenszufriedenheit aus dem, was sie beeinflussen können, ihre Leistung. Erfolg ist nicht immer eigenständig zu beeinflussen. In der Unternehmenswelt ist dieser Unterschied häufig etwas unklar.

Man hat es häufig mit falsch gesetzten Stimuli für die Mitarbeitermotivation zu tun. So fließen in die vielerorts demnach auch falsch benannte »Leistungsbeurteilung« oft reine Erfolgskennzahlen wie Umsatz oder Auftragsanzahl ein. Hier liegt der Irrtum zugrunde, dass Leistung am Erfolg gemessen werden könne. Oft ist noch einfacher schlicht der

Aktienkurs des Unternehmens, die Konsumstimmung oder die Konjunktur ausschlaggebend für die Zuteilung von Prämien und Incentives: eigentlich falsche »Leistungsanreize«. Denn zur Leistung regen sie nicht direkt an, eher zur Hoffnung, dass die Konsumstimmung in der Branche sich bald wieder beleben möge.

Aus all diesen Gründen ist nicht Erfolg, sondern Leistung »The Mark of a Man« (und natürlich der Frau). Das, was einen wirklich auszeichnet. Sportberichterstattende Medien verkennen das oft. Sie glorifizieren Sieger. Nicht einmal die Sieger selbst machen das. Als Michael Jordan eines der besten Spiele seiner Karriere ablieferte, standen die Fans auf der Tribüne und die Kommentatoren Kopf. Sie feierten seinen Triumph. Als der Abpfiff kam, fragte »His Airness« seinen Coach: »Schon vorbei? Haben wir gewonnen? Schade, ich hätte gern noch eine Weile gespielt. Lief grad so gut.« Während die Arena seinen Erfolg feierte, hatte Jordan noch nicht einmal registriert, dass sein Team Erfolg hatte – so intensiv genoss er seine Leistung. Er war im Flow. Da zählt nur die eigentliche Leistung, der Prozess, der Weg, nicht das Ziel. Die besten Ingenieure denken so.

Es vergeht keine Woche, in der ein Ingenieur oder eine Ingenieurin mir nicht sagt: »Ist mir doch egal, wie der Markt das Produkt annimmt – das ist eine herausragende technische Lösung, eine exzellente Entwicklerleistung, auf die wir stolz sein können.« Natürlich ist es *nicht* egal, wie der Markt ein Produkt aufnimmt. Das wollen die Ingenieure damit auch nicht ausdrücken. Was sie meinen, ist: Leistung ist die Voraussetzung für nachhaltigen Erfolg. Nicht umgekehrt.

Ein Marketingleiter erzählte mir von einer Produktmanagerin, die selbst an bereits so gut wie freigegebenen Marketingkampagnen noch tagelang herumfeilt, während alle Fachabteilungen sagen: »Passt schon! Raus damit!« Notabene: Die Managerin hält mit ihrer Feilerei den Laden nicht auf und feilt auch nicht an Banalitäten. Sie hält jeden Termin und macht mit ihrem Engagement die Kampagnen jedes Mal noch einen Tick besser. Der Marketingleiter fragt sie bei jeder neuen Werbekampagne: »Warum, um Himmels Willen, machen Sie sich solche Mühe? Der Kunde merkt doch niemals den Unterschied.« Und sie sagt jedes Mal: »Aber ich.« Das ist Leistungsethos.

Der Pedant hält mit seiner Pedanterie den Laden auf und produziert Haarspaltereien, die keinen Fortschritt bringen. Der Hochleister produziert Verbesserungen und liefert on time, on budget und on target ab, wie es im Projektmanagement heißt: pünktlich, kosten- und zieltreu.

Warum ist das wichtig?

Wozu Leistungselite? Ist sie wichtig? Diese Fragen werden mir oft gestellt, kein Witz. Selbst von Menschen, die erst fünf Minuten, bevor sie mich das fragten, von der Elite profitierten. Auch das ist ein Problem der echten Elite: Sie wird als selbstverständlich angesehen. Ihre Leistung wird nicht wahrgenommen. Eben weil sie ihre Erfolge nicht lauthals rumposaunt. Stell dir vor, Atlas trägt die Welt und keiner merkt es.

Erinnern wir uns an Marc, den Ingenieur, der die Entwicklung eines neuen Allergiker-Staubsaugers übernahm, während alle Kollegen abwinkten. Lustigerweise kam selbst in Marcs Abteilung irgendwann die Elite-Diskussion auf und einige fragten:

»Wozu sind Eliten gut? Die bestimmen über uns und sind ein ganz abgehobener Laden. Was die können, könnten wir auch. Und wahrscheinlich sogar besser.«

Ich wandte ein: »Hättet ihr auch den Allergiker-Staubsauger konstruiert, den Marc entwickelt hat?«

»Ja, klar, hätten wir!«

»Warum habt ihr es dann nicht getan? Wie ich mich erinnere, hat damals nur Marc die Hand gehoben. Niemand von euch. Marc ist vielleicht kein besserer Ingenieur als ihr. Aber er tat, was keiner von euch tun konnte oder wollte.« Deshalb ist die echte Elite, die Leistungselite, wichtig. Nicht weil sie klüger wäre als »normale Menschen« oder kompetenter oder erfahrener oder was man auch sonst an Komparativen aufführen möchte. Manchmal ist die echte Elite klüger, kompetenter, erfahrener; manchmal nicht. Aber eines ist sie unter Garantie immer: leistungswilliger, leistungshungriger, leistungsorientierter, leistungsbereiter, leistungsfähiger. Und damit trägt sie sich und andere in die Zukunft. Sie schafft das, was viele eben nicht schaffen wollen oder können. Deshalb ist die Leistungselite ubiquitär, überall zu finden, in allen Unternehmen, auf allen Führungsebenen von Wirtschaft, Gesellschaft und Politik.

Unter fünf Abteilungsleitern desselben Unternehmens gibt es immer zwei, die bei zusätzlichen Projekten die Hand heben und drei, die »schon genug anderes zu tun haben« – aber das haben die beiden Kolleginnen mit der erhobenen Hand auch. Unter fünf Vorständen von fünf Unternehmen gibt es immer zwei, die – wenn irgendwo im Unternehmen »die Bude brennt« – persönlich vorbeischauen und nicht den dicken Max markieren, sondern ihre Unterstützung und Erfahrung anbieten. Während drei andere sagen:»Das Feuer zu löschen, ist Aufgabe der betroffenen Fachabteilung. Dafür werden die bezahlt.« Das stimmt. Aber es hilft nicht. Und sich zurückzulehnen und andere die Drecksarbeit machen zu lassen, ist im Sinne des Wortes auch keine Leistung. Die Leistungselite weiß das und handelt danach.

WIR SUCHEN DIE LEISTUNGSELITE

Wenn die Leistungselite gut für uns ist, wo finden wir sie? Die Leute, die mich das fragen, denken dabei an Renommierbranchen wie Raumfahrt, Hirnchirurgie, Robotik, Computerspiele oder Künstliche Intelligenz (KI). Diesen Branchen-Suchfilter halte ich für wenig ergiebig. Ein KI-Ingenieur gestand mir:»Machen Sie sich keine Illusionen. Auch in unserem Team gibt es Ingenieure, die betreiben tagsüber Selbstverwirklichung auf Kosten von Team, Kunden und Unternehmen und knipsen Punkt fünf den Bildschirm aus.«

Als ob es eine Branche gäbe, die für ihren überdurchschnittlichen Anteil an Leistungswilligen und -fähigen bekannt wäre. Ja, natürlich: die Chirurgie. Chirurgen sind Höchstleister. Doch selbst diese Elite-Illusion zerstörte ein befreundeter Chirurg, der hinter vorgehaltener Hand lästerte:»Du kennst die Chefärzte nicht. Während wir einfachen Operateure auch mal drei, vier OPs am Tag runterreißen, machen die einmal die Woche eine Prestige-OP, um ihren Status zu wahren. Mit Hochleistung hat das nichts zu tun.«

Und trotzdem gibt es Unternehmen, bei denen vom Pförtner bis zum Vorstand alle täglich Hochleistung bringen: freiwillig, nachhaltig, mit hohem Spaßfaktor. Doch das hat weder etwas mit der Branchenzugehörigkeit noch mit der Art oder Größe des Unternehmens zu tun. Rühmliche Ausnahme sind Start-ups: Da klotzen wirklich die meisten Chefs und Mitarbeitenden 24/7 ran. Mir fällt dazu unter anderem ein junges Data-Science-Team ein. Acht junge Leute, die sich selbstständig gemacht und ein Start-up gegründet haben. Es herrscht sechs Tage die Woche eine witzige und herzliche Stimmung im Team, auch und gerade weil oft wegen unvorhergesehener Entwicklungen oder überraschender Kundenanfragen bis tief in die Nacht gearbeitet wird. Wobei es auch hier die Ausnahme von der Ausnahme gibt. In Form des Gründers, der eine geniale Idee hat, monatelang ununterbrochen daran herumtüftelt, es dann aber vor lauter Tüftelei nicht schafft, Investoren anzusprechen und das nötige Geld zu beschaffen oder die nötige Kundenresonanz herzustellen. Auch hierbei habe ich Hemmungen, von Leistungselite zu sprechen.

Selbst an sogenannten Eliteunis wird weitaus weniger Leistungselite herangebildet, als man vor Jahren noch landläufig annahm. Schließlich gilt heute als ausgemacht, dass große Teile dieser Eliteabsolventen die Weltfinanzkrise 2008 verursacht haben und dass viele aktuelle Bankrotteure früher mal an ganz tollen Unis waren. Die Unis tragen dafür sicher nicht die alleinige Verantwortung: Sie beeinflussen zwar, was Menschen lernen. Aber was die damit anstellen, steht auf einem anderen Blatt ...

Wenn wir die Leistungselite suchen, helfen uns Suchkriterien wie Uni, Unternehmensform oder Branche also nicht weiter. Trotzdem oder gerade deshalb sagen mir meine Doktorandinnen, Doktoranden und Studierenden, wenn sie auf Unternehmensexkursion unterwegs sind oder Praxisprojekte begleiten, oft: »Du gehst einmal den Gang entlang, durch drei Büros, unterhältst dich mit einer Handvoll Leute und weißt sofort, welcher Geist in der Firma weht.« Das würde ich jetzt nicht als Elite-Beweis werten, aber als Indiz auf jeden Fall. Indiz wofür?

Für Leistungsethos. Betrachten wir, was in Organisationen mit Leistungsethos passiert, im Folgenden an einem kommunalen Beispiel.

Zwei Kommunen erneuern die Beleuchtung in ihren Sporthallen: mehr Lichtausbeute, weniger Stromverbrauch, besser für die Umwelt. Die Hallen sind so gut wie umgerüstet, am Donnerstag ist Abnahme für beide Hallen durch ein unabhängiges Ingenieurbüro. Es ist Dienstag. Der zuständige Dezernatsleiter von Kommune A, selbst Bauingenieur, sagt zu den externen Elektrikern:

»Ich möchte, dass Donnerstag die Abnahme erfolgt. Also spielt heute schon mal das komplette Abnahmeprogramm durch!«

Die Handwerker sagen: »Och, das klappt schon. Wir haben das schon angetestet.«

»Ich weiß, trotzdem, tut mir den Gefallen: das komplette Programm.«

Die Handwerker starten das Testprogramm und siehe da: Ein Hallendrittel fährt auf »Disco-Beleuchtung«. Ständig schaltet sich das Licht automatisch aus und wieder ein. Nach einer fluchend verbrachten Überstunde ist der Fehler gefunden und behoben. Am darauffolgenden Donnerstag kann die Abnahme erteilt werden.

Der zuständige Dezernatsleiter von Kommune B, ebenfalls Bauingenieur, sagt zu den externen Elektrikern am Mittwoch:

»Ich hoffe, das klappt morgen mit der Abnahme!«

»Och, das klappt schon. Wir haben das schon angetestet.«

»Na dann ist ja gut.«

Tags darauf lassen sich zwei Drittel der Halle nicht auf Energiesparmodus dimmen. Es kann keine Abnahme erfolgen. Der zuständige technische Bürgermeister ist stinksauer. Er pflaumt seinen Dezernatsleiter an:

»Sie wissen doch, wie Handwerker manchmal sind! Die

muss man kontrollieren! Warum haben Sie das nicht getan?«

Der Dezernatsleiter hat zwei Dutzend Erklärungen dafür. Von »Aber für die Kontrolle ist doch die Abnahme da!« (Nein, die Abnahme ist für die Abnahme da) bis hin zu »Wenn die mir sagen, dass alles okay ist, muss ich denen wohl glauben!« (Nein – und dieses Nein ist der Sinn von Kontrolle). Die Assistentin des technischen Bürgermeisters, die an der Verwaltungsfachhochschule studiert hat, drückt es schlanker aus und mit der im öffentlichen Dienst erfreulich oft anzutreffenden, präzisen Ironie:

»Der Dezernatsleiter von der Nachbarstadt hat ein Leistungsethos, unser eigener eher nicht. Gutes Personal ist schwer zu kriegen.«

Als im Quartalsmeeting des Facility Managements (Gebäudeverwaltung) unter anderem dieser Fall – natürlich anonymisiert – angesprochen wird, reagieren zwei Drittel der versammelten kommunalen Amtsträger und Experten empört: »Es ist nicht unser Job, Handwerkern hinterherzuspionieren.« Sie zeigen sich so laut und so lange empört, bis der Moderator das Thema wechselt. In der Kaffeepause sagt das schweigende Drittel: »Also ich will, dass in unseren städtischen Gebäuden alles tipptopp ist. Deshalb schaue ich auch den Handwerkern auf die Finger. Die sind meist dankbar dafür – denn zur erneuten Abnahme antreten zu müssen, das kostet die doch auch bloß Zeit, Geld und Nerven.«

Das ist Leistungsethos. Diese Leistungsträger tun mehr als bloß das Nötigste. Genau das will die Pseudo-Elite nicht. Zwei Drittel der Verantwortlichen in Kommune B kontrollieren immer noch keine Handwerker. Weil es nicht ihr Job ist. Sagt die Pseudo-Elite. Davon ist sie überzeugt. So überzeugt, dass sie nicht versteht, wie man das überhaupt von ihr erwarten kann. Das ist das erste konstituierende Element für Pseudo-Elite: Leistungsverweigerung.

Diese zwei Drittel der kommunalen Beamten und Angestellten sind von ihrer Leistungsverweigerung so überzeugt, dass sie sich über das eine Drittel ihrer Kollegen sogar lustig machen: »Die wischen ihren Handwerkern noch den Hintern ab!« Das ist das zweite konstituierende Element für Pseudo-Elite: Sie macht sich über die echte Elite lustig. Sie erhebt sich über die Leistungselite.

Pseudo-Elite ist, verkürzt gesagt, eine Elite ohne Leistungsethos. Umgekehrt hat die Leistungselite ein robustes, klar erkennbares Leistungsethos. Deshalb finden wir die Leistungselite überall. In jedem Ministerium, jedem Unternehmen, jeder Abteilung, jeder Familie, jedem Verein. In allen diesen Organisationseinheiten finden wir immer auch Menschen, die Herausragendes leisten (wollen).

Es gibt Politiker, die nicht halten, was sie im Wahlkampf versprachen. Doch es gibt auch Politiker, der sich für ihre Wähler krummbuckeln und sich an ihre Versprechen halten. Für jeden Manager, der bei den Abgaswerten seiner Autos mogelt, gibt es einen, der ehrliche Ingenieurskunst auf die Straße bringt. Natürlich ist das Verhältnis zwischen jeweils beiden nicht, wie eben angedeutet, eins zu eins. Es variiert, aus der eigenen Erfahrung gesprochen, grob zwischen eins zu neun und drei zu sieben. Wie gesagt: Es gibt dafür keine Statistiken, keine Zahlen, keine Studien im engeren Sinne. Das enttäuscht viele. Einige begeistert es.

Denn es ist ein untrügliches Zeichen dafür, dass wir uns mit dem Thema »Leistungselite versus Pseudo-Elite« einem Tabu nähern: Das Thema ist derart tabuisiert, dass es nur wenige Basisdaten in Studienform gibt. Die Daten aus Unternehmenssicht sind noch relativ hoch aggregiert. So zeigt die McKinsey-Studie »Education to Employment«: Jeder vierte Arbeitgeber ist unzufrieden mit Leistung und Arbeitsmoral von Berufsanfängern.[5] Und eine Gallup-Studie belegt: Nur etwa jeder neunte Arbeitnehmer in Deutschland gibt an, vollen Einsatz bei seinem Job zu bringen und sich über die üblichen Pflichten hinaus auch freiwillig für die Ziele der Firma einzusetzen. Zwei Drittel machen hingegen »Dienst nach Vorschrift«.[6] Wie gesagt: Das sind sehr grobe Angaben zur Leistungsvermeidung in Unternehmen.

Ein Kollege (natürlich Statistiker) empfahl mir angesichts der dürftigen Datenlage: »Warte doch, bis dir einige unternehmensübergreifende Studien vorliegen.« Als ich das unvorsichtigerweise bei einem Unternehmensbesuch erwähnte, tobten die Leute los: »Wir leiden seit Jahren unter den Kollegen, die nur chillen und Däumchen drehen – und Sie wollen uns noch länger leiden lassen?« Natürlich nicht. Genau deshalb sind wir hier.

WIR ALLE SIND ELITE

Es gibt viele Arten, Elite zu definieren. Hier, im Rahmen dieses Buches, definieren wir Elite als Leistungselite. Nach dieser Definition zählen für uns alle zur echten Elite, die Leistung bringen. Genauer: Jene Leistung, die sie nach ihren Fähigkeiten zu erbringen imstande sind. Das ist ein erfrischender Gedanke: Du musst nicht Minister oder Topmanager, Rockstar oder Nobelpreisträger sein, um zur gesellschaftlichen Elite zu gehören. Du musst nicht Millionen geerbt haben, um Elite zu sein. Du hast es selber in der Hand, dich zur Elite aufzuschwingen. Durch deine Leistung.

Dabei kommt es nicht so sehr auf die Art deiner Tätigkeit an, auf deinen Beruf, deine Branche, dein Unternehmen, dein Anforderungs- und Tätigkeitsprofil, deine Bezahlung. Das Was ist nicht so entscheidend wie das Wie: Nicht die Frage »Was machst du beruflich?« entscheidet, sondern die Frage: Wie machst du das, was du machst? Machst du es mit angezogener Handbremse, nach dem Motto »Dienst nach Vorschrift«? Oder machst du es mit vollem Einsatz? Wenn du vollen Einsatz bringst, alles leistest, was du leisten kannst, bist du Leistungselite – ganz gleich, ob du Vorstand oder Familienvater, Vorständin oder Mutter bist.

Wer das leistet, was er oder sie »drauf hat«, die Extra-Meile geht, sich engagiert, wo andere es sich im Hintergrund bequem machen, wer Commitment zeigt, wo andere abwinken – der oder die gehört zur Leistungselite. Es gibt viele Arten, »Leistung« und »Leistungselite« zu definieren. Die eben gegebene ist meine Art. Im Licht dieser Definition gesehen, ist die echte Elite überall:

Wir alle sind Elite. Wir alle, die wir gerne mehr leisten als das Allernötigste. Wir, die Leistungselite, lieben Leistung.

Was liebt die Pseudo-Elite?

>Immer mehr Arbeit in deutschen Unternehmen
verlagert sich auf Kerncrews – High Potentials
im Hamsterrad. Die anderen genießen die
Fensterplätze, warten ab, blockieren. (...) Doch
die Elite wird bis zur Übersäuerung angetrieben,
während ganze Kohorten dem süßen Nichtstun
frönen. Was die Frage provoziert: Wer arbeitet
eigentlich noch richtig in Deutschland?«
Eva Buchhorn, Dietmar Student
(manager magazin)[7]

2 DIE LEISTUNGSVERWEIGERER: UNSERE PSEUDO-ELITE

WAS SIND DAS FÜR TYPEN?

Wir finden die Leistungselite überall. Leider auch die Pseudo-Elite. Also Menschen, die eine hohe Meinung von sich selbst haben, ihre Leistung und Kompetenz deutlich überschätzen, aber tatsächlich höchstens Durchschnittliches leisten. Es geht dabei ausdrücklich nicht um Menschen, die bereits an ihrer Leistungsgrenze arbeiten – viele von uns werden durch die Umstände der modernen Arbeit praktisch dazu gezwungen. Wir reden auch nicht von Menschen, die nicht noch zusätzliche Leistung erbringen können, weil sie keine Kapazität mehr frei haben. Darum geht es nicht, wenn wir »Pseudo-Elite« sagen. Es geht um Menschen, die zweifelsfrei mehr leisten könnten, die noch Spielräume haben. Doch anstatt diese produktiv zu nutzen, machen sie sich lieber einen lauen Lenz. Sie treiben bis hinauf in höchste Hierarchiehöhen ihr Unwesen.

Eine Konzernsparte in der Mitte Deutschlands zum Beispiel wird hauptsächlich vom Spartenleiter und seinem Finanzchef geführt. Von beiden ist der Spartenleiter ganz offensichtlich der wichtigere Manager. Denn – Distinktionsindikator unserer Ära – er hat nie Zeit:»Tut mir leid, der Terminkalender ist schon voll«, sagt seine Sekretärin mantraartig jedem, der etwas vom Oberboss möchte.»Aber ich kann Sie am Donnerstag unterbringen. Donnerstag in drei Wochen.« Bis dahin ist die Maschine in Werk 4, die gerade Mucken macht, mit an Sicherheit grenzender Wahrscheinlichkeit ausgebrannt. Deshalb hat es der Werksleiter ja auch so eilig: Die Entscheidung muss jetzt her, sonst steht der Laden still! Also trifft dann der Finanzchef die nötige Entscheidung. Wie so oft, obwohl es eigentlich nicht sein Job ist. Die Sparte leiten sollte ja der Spartenleiter. Aber der kann ja nicht. Weil er wieder auf Termin ist.

Es dauert 14 Jahre, bis jemand von außerhalb des Sekretariats den Terminkalender vom Oberboss genauer anschaut: Stimmt – der Spartenleiter ist zehn Stunden täglich nahtlos voll mit Terminen. Termine mit Bankdirektoren, Verbandssekretären, Geschäftsführern von Kunden und Lieferanten, externen Beratern und Branchengrößen, Termine für Auslandsreisen und Verhandlungen. Seltsam nur, dass keiner dieser Termine jemals einen nennenswerten Auftrag einbrachte – die Key-Account-Akquise übernimmt nämlich ebenfalls der Finanzchef. Auch sonst sind die Termine des Spartenleiters nur entfernt mit dem jeweils aktuellen Geschäftsgang in Verbindung zu bringen.

Bis heute weiß niemand, was der Spartenleiter auf den Terminen machte – außer sich im Glanz seiner prominenten Gesprächspartner zu sonnen, möglicherweise den einen oder anderen Abschlag auf diversen Golfplätzen zu tun oder renommierte Restaurationen zu beehren. Als der Finanzchef in den Vorstand eines großen Kunden wechselt, ist seine alte Sparte binnen drei Jahren ein Übernahmekandidat – weil niemand mehr die Sparte führt. Der dafür vorgesehene und reichlich entlohnte Spartenleiter konnte es schlicht nicht (mehr), weil er es 14 Jahre lang nicht gemacht hatte. Was für ein Skandal.

Solche öffentlichkeitswirksamen Ungeheuerlichkeiten sind natürlich ein gefundenes Fressen für Internet-Trolle, Wirtschaftsmedien und Tageszeitungen: Sie leben vom Skandal (Auflage! Mediale Aufmerksamkeit!) und stürzen sich mit Verve auf solche Steilvorlagen aus der Drama-, Katastrophen- und Skandalschublade. Dass auch und gerade unterhalb höchster Hierarchieebenen das Verhalten der Pseudo-Elite um sich greift, findet selten mediale Beachtung. Dabei sind es häufig diese wenig prominenten Leistungsvermeider, die uns täglich die Wände hochtreiben. Weil sie Arbeit liegen lassen, die wir dann für sie übernehmen müssen. Und sich dabei auch noch als was Besseres gerieren.

Innovativ und kreativ ist die Pseudo-Elite allenfalls bei der Auswahl ihrer Aufgaben. Es ist immer wieder erstaunlich, mit welcher Treffsicherheit sie sich die »schlauen Jobs« angelt. Ein Beispiel: Während vier von fünf Vertriebsingenieuren innerhalb von fünf auslastungsschwachen Stunden über die (gestrichene) Mittagspause das seit Monaten vernachlässigte Exponate-Lager auf Vordermann bringen müssen, inklusive Dokumentation und Kontrolle der Funktionalität der Produkte für Kundendemonstrationen und Verkaufsveranstaltungen, meldet sich ein Kollege zur Überprüfung eines ominösen Fehlbestands bei einigen Klein-Exponaten wie Persönliche Datenassistenten und Augmented-Reality-Brillen. Nach den ohnehin knapp bemessenen fünf Stunden müssen sich die Vertriebsingenieure am Nachmittag wieder um ihre Kunden kümmern. Die vier wischen sich den

Schweiß von der Stirn, weil sie es im Sprinttempo gerade eben so geschafft haben. Mit knurrendem Magen, ausgepowert und schweigend machen sie sich wieder an die »eigentliche« Arbeit am, für und mit dem Kunden. Nur der Kollege mit dem Fehlbestand nicht.

Er erzählt blumig und begeistert allen, die es nicht hören wollen davon, dass er mit einem Spürsinn wie Sherlock Holmes dem Ursprung des Fehlbestandes durch sämtliche Belege und Besuchsberichte nachgejagt ist. Weil er öfters diese besonderen Jobs übernimmt und danach so spannend darüber zu erzählen weiß, gilt er als »Held des Vertriebs«. Vor allem in seinen Augen. Bis eine Ingenieurin den Vertriebsleiter beiläufig und unter vier Augen fragt, woher der ominöse und fünf Stunden lang vom Kollegen überprüfte Fehlbestand denn nun eigentlich gekommen sei. Die Vorgesetzte sagt: »Das haben wir nie herausgefunden. Der Kollege hat das einfach als Schwund ausgebucht.« Und dafür hat der Kollege fünf Stunden gebraucht?

Für eine 30-Sekunden-Buchung in den Mülleimer der Buchhaltung? Während alle anderen im Team Blut und Wasser geschwitzt haben, um das Exponate-Lager in Ordnung zu bringen, bevor die ersten ungeduldigen und vertrösteten Kunden den Betrieb stürmen? Die Krone setzt dem Ganzen jedoch auf, als durchsickert, dass der Pseudo-Kollege in den fünf Stunden dann auch noch gepflegt 90 Minuten zu Tisch gesessen ist. Während seine Kollegen hungernd schufteten. Unglaublich. Aber typisch Pseudo-Elite. Angelt die schlauen Jobs, während andere die Drecksarbeit machen. Aber übertrumpft danach alle mit steilen Storys über die eigene Leistung – die praktisch nicht vorhanden, zumindest nicht nachweisbar ist.

Die Pseudo-Elite ist ein Produktivitäts- und Effizienzkiller. Sie ist eine »Weapon of Mass Destruction«. Durch ihre Leistungsverweigerung (zer-)stört sie neben der Produktivität auch Arbeitsklima, Motivation, Teamgeist, Beziehungsqualität und Commitment. Damit keine Missverständnisse entstehen: Die Elitisten, also die Angehörigen der Pseudo-Elite, torpedieren Arbeitsklima und Beziehungsqualität nicht absichtlich oder vorsätzlich! Das sind lediglich Kollateralschäden. Ihre eigentlichen Ziele sind Bequemlichkeit, Schonung, Aufmerksamkeit und Anerkennung.

Eine junge Produktmanagerin erzählte mir: »Wir haben ein Meilenstein-Meeting für ein wichtiges Projekt – das ganze Team ist präsent plus der Spartenleiter, der den Meilenstein abnimmt. Zum Glück stehen ausnahmsweise 99 Prozent der Arbeitspakete (so werden die definierten und übergebenen Aufgaben im Projektmanagement genannt): alle pünktlich, alle im Budget, alle Teilziele erreicht.« Genau das berichtet sie vor dem Team und dem Spartenleiter: »Alles im grünen Bereich, unser Produktprojekt liegt exakt im Plan.« Kein Wunder.

Denn da dies ein Vorstandsprojekt mit großem Renommee ist, sind im zwölfköpfigen Projektteam drei der besten Ingenieure des Betriebs, einer der cleversten Controller und definitiv die erfahrenste Marketingmanagerin versammelt: inklusive der leitenden Produktmanagerin also sechs unbestrittene Angehörige der Leistungselite des Unternehmens. Und nicht nur, weil sie hoch kompetent und erfahren sind und damit den soziodemografischen Kriterien des traditionellen Elitebegriffs entsprechen – nein, die Leistungselite in diesem Projekt ist deshalb Leistungselite, weil sie Leistung bringt:

- Jeder der sechs Leistungsträger arbeitet deutlich effizienter als etliche der Kolleginnen und Kollegen.
- Alle sechs Leistungsträger zeigen mehr Engagement fürs Projekt, weil sie sich nicht über Gebühr mit leichteren, einfacheren, kurz: mit Bagatellaufgaben aufhalten.
- Einer der Ingenieure hat eigens für das neue Produkt eine neue Technik entwickelt, die es so vorher noch nicht gab. Er hätte das nicht tun müssen – aber er wollte es unbedingt. Weil er will, dass es richtig gut wird.
- Jeder der sechs bearbeitet über die komplette Laufzeit des Projektes jeweils fünf bis acht Arbeitspakete.

Deshalb muss auch keiner der sechs den Worten der leitenden Produktmanagerin etwas hinzufügen, als sie meldet: »Alles im grünen Bereich. Meilenstein ist on time, on budget und on target.« Die sechs schweigen: Es ist ja bereits alles gesagt. Dafür meldet sich ein anderes Teammitglied zu Wort, nennen wir ihn Helmut.

Helmut sagt mit Dramatik in der Stimme: »Ja, schon, aber das Konzept für das Produkthandbuch stimmt hinten und vorne nicht. Außerdem sind da noch massig Fehler drin. Der technische Dienst hat das erstens total verschlafen und zweitens völlig versaut. So können wir das unmöglich rausgeben, die Kunden hauen uns das um die Ohren, die Konkurrenz lacht uns aus und Stiftung Warentest zerreißt uns im Produkttest!« Der Spartenleiter ist geschockt; gelinde gesagt.

- Er hält dem versammelten Projektteam einen fünfminütigen Vortrag darüber, wie wichtig das Handbuch für ein neues Produkt ist.
- Er zeigt sich vom Team *ent*täuscht und von der Produktmanagerin *ge*täuscht: »Warum haben Sie mir das verschwiegen?«

- Er bestellt das Projektteam deshalb zur Hälfte des nächsten Meilensteins für eine Halbzeit-Abnahme ein – was völlig ungewöhnlich ist, ein schmerzhafter Misstrauensbeweis und das Team drei komplette Tage kostet.
- Er nimmt nach dem Meeting Helmut beiseite und sagt: »Gut, dass Sie sich trauen, den Mund aufzumachen. Berichten Sie mir notfalls direkt, wenn es wieder stinkt im Projekt.« Was ein Unding ist: Helmut darf höchstens an seinen Abteilungsleiter direkt berichten, ein direktes Berichten an den Spartenleiter ist eine grobe Verletzung des Dienstweges und ein Bypass von Projekt- und Linienvorgesetzten. Aber natürlich so etwas wie ein Orden für Helmut.

Das Projektteam ist entsprechend sauer; höflich ausgedrückt. Keiner redet auch nur ein Wort mit Helmut. Auf den Fluren kennt ihn keiner mehr, in der Kantine meiden sie ihn.

Warum das?

DIE UNTATEN DER ELITISTEN

Wer in Handel, Gewerbe oder Industrie arbeitet, kennt die Antwort. Aus eigener, bitterer Erfahrung. »Weil dieser Helmut ein verdammtes Kameradenschwein ist!«, sagte mir sogar ein Verwaltungsbeamter, der ja eigentlich als Beamter auch eher eine ruhige Kugel schieben könnte – aber das darf man ihm nicht sagen. Dann rastet er aus. Denn auch er ist Leistungsträger. Und als solcher reagiert man regelmäßig mit Empörung, wenn man Geschichten wie die von Helmut liest oder hört:

- Was Helmut da zum Projektskandal des 21. Jahrhunderts hochstilisiert, ist genau jenes eine Prozent, das die Produktmanagerin in ihrer Präsentation explizit als noch ausstehend bezeichnete.

- Dieses eine Prozent ist, auf gut Deutsch, Pipifax: Am allerersten von fünf Meilensteinen eines Projekts braucht kein Mensch schon ein Produkthandbuch! So ein Handbuch schreibt man auch noch locker zwischen dem vorletzten und dem letzten Meilenstein.

- Doch kaum dramatisiert Helmut vor dem Spartenleiter dieses eine fehlende Prozent, sieht dieser, eben weil er nicht so stark im Projekt »drin« ist, nicht die Bagatelle, nicht die überdurchschnittlichen 99 Prozent und damit die überragende Leistung des Projektteams, sondern nur noch diese völlig unverhältnismäßig aufgebauschte »Fehlermeldung«.

Das ist typisch. Elitisten reden die Leistung der Leistungselite klein. Sie ignorieren 99 Prozent exzellente Leistung, um sich an dem einen fehlenden Prozent mit Vorwürfen und Vorhaltungen auszutoben. Sie anerkennen die Leistungen der Leistungselite nicht nur nicht, sondern versuchen auch noch, diese anzuschwärzen – und sich dadurch selbst in den Vordergrund zu spielen. Und das ohne jede Berechtigung, denn Helmut

- hat für dieses Projekt noch keine einzige Überstunde geleistet.
- hat noch nie am Wochenende an »sein« Projekt gedacht.
- hat bislang während des Projekts höchstens durchschnittliche Beiträge dazu geleistet.
- bearbeitet ein einziges Arbeitspaket während des gesamten Projektes; die Leistungsträger im Schnitt sechs – pro Meilenstein.

Und so einer traut sich, große Töne zu spucken? Aber immer. Helmut ist praktizierender Elitist: Er leistet nichts Großes, aber spuckt große Töne. Der Elitist lebt von Inszenierung, nicht von Inhalten. Er (oder sie) beeindruckt durch Vorwürfe und Selbstglorifizierung, nicht durch Leistung.

»Ja, solche Kolleginnen und Kollegen haben wir leider auch«, sagen mir viele, wenn man sich in informeller Runde über das Thema unterhält.

»Was soll daran falsch sein?«, fragen andere. Dass man bei 99 Prozent exzellenter Leistung das eine fehlende Prozent zu einer Staatsaffäre aufbläst, finden sie nicht unanständig, unkollegial, unangemessen oder unverhältnismäßig. Dass man die viel leistungsstärkeren Kollegen selbst dann anschwärzt und kleinredet, wenn man selbst so gut wie nichts zu den 99 Prozent beigetragen hat, finden sie auch in Ordnung.

Wie kann das sein?

WARUM MACHEN DIE ELITISTEN DAS?

»Ich könnte den Kerl erwürgen«, sagt die Produktmanagerin über Helmut. »Der zieht ständig solche Dinger ab: kriegt nichts zustande, aber bläst seine kümmerliche Leistung auf Nobelpreisniveau auf. Und wenn selbst das nicht klappt, dann macht er alle anderen, die wirklich was leisten, madig. Wie gesagt: Ich könnte ihn erwürgen.« Was sie nicht weiterbringen würde. Uns auch nicht.

Als intelligente Menschen finden wir es intellektuell unbefriedigend, Menschen zu erwürgen, bevor wir verstehen, warum sie jene Dinge tun, für die wir sie erwürgen möchten. Warum tun die das?

Einmal abgesehen von Helmut und generell betrachtet: Durch die zunehmende Abkopplung von Arbeit aus der Erlebenswelt einer Familie lernen Kinder immer weniger etwas über Arbeit an und für sich kennen. Welches Kind war schon einmal am Arbeitsplatz der Eltern? Oder versteht, womit sie ihr Geld verdienen? Oder besser: Was sie wofür und wozu leisten?

Durch diesen Trend im Zuge zunehmender Urbanisierung wird Arbeit immer stärker als etwas nicht Natürliches, im Privatleben Verankertes angesehen, sondern vielmehr als ein Werkzeug zum Ermöglichen des Privaten. Ein weiterer Trend kommt hinzu und fördert die Zunahme von Leistungsvermeidung und Elitisten.

Es ist der Trend zu zunehmend komplexen Arbeitsprozessen in immer größeren und unübersichtlicheren Konzernstrukturen. In solchen komplexen Strukturen wird es für den einzelnen Menschen immer schwerer, die eigene Tätigkeit mit der eigentlichen und letztendlichen Wertschöpfung seiner Arbeit in Verbindung zu bringen. Es fehlt zunehmend an der intrinsischen Motivation, sich mit voller Leistung einzubringen, weil man zunehmend weniger Sinn in der eigenen Arbeit sieht. Auf der anderen Seite wird es aber auch schwerer, die geleistete Arbeit in Hinblick auf ihren Wertbeitrag zu überwachen und zu bewerten, was zu einem Opportunitätsanreiz für Menschen führt, weniger zu leisten, als sie eigentlich leisten könnten. Diese Meta-Trends machen es Menschen zunehmend leichter, sich in Elitisten zu verwandeln. Auch Helmut fällt das leicht.

Man könnte Helmut und seine artverwandten Leistungsverweigerer im Unternehmen einfach nur für ein bisschen meschugge erklären – die meisten im Unternehmen tun das übrigens. Die meisten aus der Leistungselite. In den Augen der Pseudo-Elite ist Helmut natürlich völlig normal. Aber das erklärt ja nichts.

Eine Erklärung bietet indes die Motivlage. Dafür braucht man kein Psychologiestudium. Was Helmut umtreibt, ergibt sich aus seinem Reden und Handeln. Sein Reden und Handeln ist konklusiv, wie der Jurist sagen würde: schlüssig. Es lassen sich daraus Rückschlüsse auf seine Motivlage ziehen.

Wenn einer wie Helmut seine Kollegen anschwärzt, ist das Anschwärzen keine böse Absicht, sondern »nur« Mittel zum Zweck: Indem er andere runtermacht, erhebt er sich automatisch über sie. Paul Watzlawick, der berühmte Psychologe (*Anleitung zum Unglücklichsein*), nennt diesen Kommunikationsstil »one up, one down«. Wer andere runtermacht, möchte ihnen damit nicht unbedingt schaden. Er möchte sich damit lediglich als etwas Besseres hervorheben. Weil er das braucht. Er (oder sie) braucht die Anerkennung, die Aufmerksamkeit, die Profilierung. Helmut profiliert sich auf Kosten seiner Kolleginnen und Kollegen. Er könnte sich auch mit herausragender Leistung profilieren.

Doch herausragende Leistung erfordert herausragende Kompetenz oder herausragenden Einsatz. Das eine hat Helmut nicht und das andere würde ihn zu sehr anstrengen. Warum sollte er sich anstrengen? Fehler zu finden und anzuprangern ist viel weniger mühsam! Überall, wo gearbeitet wird, findet man auch Fehler, die man, wenn man Elitist ist, mit großer Fanfare anprangern kann. Auch wenn man selbst wenig(er) geleistet hat. Wer Fehler anprangert, sieht selber gut aus – auf Kosten seines eigenen Teams. Dass dieses sauer auf Helmut ist, versteht er nicht: »Wieso? Das Handbuch ist doch wirklich totaler Mist! Das stimmt doch!« Ja klar, stimmt. Zu einem Prozent des Projekts. Was ist mit den anderen 99 Prozent? Verhältnismäßigkeit ist auch ein

Teil der Wahrheit. Diesen Teil unterschlägt Helmut. Was schlimm ist.

Schlimmer ist: Wir machen dabei mit. Leider viel zu oft.

WIR KOLLABORATEURE

Es gibt mit Sicherheit Leserinnen und Leser, die schon vor drei Seiten gesagt haben: »Also hört mal! Die Sauerei, die dieser Helmut da veranstaltet, läuft doch nur, weil der Vorgesetzte mitmacht und weil das Team nicht den Mund aufkriegt!« Gut beobachtet.

Das ist ein wunder Punkt, der mir keine Ruhe lässt. Ich zähle Sie und mich zur Leistungselite. Aber warum wir so selten den Mund aufmachen, wenn Leute wie Helmut uns Steine in den Weg legen, unsere Leistung kleinreden oder für sich reklamieren und dabei Ansprüche megalomanen Ausmaßes anmelden, ist mir selbst oft ein Rätsel.

Die betroffenen Teammitglieder aus unserem Fallbeispiel sagten mir hinterher: »Wir haben vor lauter Empörung über diese Frechheit nicht den Mund aufbekommen. Wie kann ein Mensch bloß so ein ... (ich gebe das Nomen nicht wieder) sein!« Natürlich ist unsere erste Reaktion auf solche Vorfälle: Igitt! Bloß die Finger von so jemandem lassen, Schwamm drüber und schnell vergessen. Das ist keine Lösung. Im Gegenteil. Diese »Lösung« zementiert das Problem.

Helmut lernt daraus, wie viele Elitisten: »Ich komme damit durch! Also setze ich beim nächsten Mal noch einen drauf!« Wer beim Griff in die Keksdose nicht auf die Finger bekommt, langt beim nächsten Mal mit beiden Händen zu. Das ist nur menschlich. Wer keine Konsequenzen zieht, trägt selbst die Konsequenzen. Nach zwei, drei Aussprachen innerhalb des Teams sehen das die Kollegen auch so.

Sie nehmen Helmut beiseite und sagen:»Wenn du noch so eine Nummer abziehst, fliegst du aus dem Projekt – und kannst dir sicher sein, dass keiner von uns dich je wieder in einem anderen Projekt anfordern wird.« Helmut glaubt das nicht. Er versteht das nicht.»Aber ich habe doch recht! Das Handbuch ist Mist!« Auch das ist typisch Pseudo-Elite: un-be-lehr-bar. Helmut lässt sich nicht belehren. Er macht es wieder. Er schwärzt beim nächsten Meilenstein-Meeting wieder seine eigenen Kollegen an. Die schmeißen ihn noch am selben Tag aus dem prestigeträchtigen Projekt raus. Im Projekt geht das. Da ist der zuständige Vorgesetzte (ohne Disziplinargewalt) nicht der Fachabteilungs- oder Linienvorgesetzte, sondern der Projektleiter; in unserem Falle die Projektleiterin. Sie übergibt Helmuts Arbeitspaket – er hatte ja nur eines – einfach an einen anderen Kollegen. Jetzt muss sich Helmut wieder auf seine langweilige Arbeit in der Fachabteilung konzentrieren, die bei Weitem nicht die Ausstrahlung hat wie das Prestigeprojekt. Und Helmut ist erstaunt. Langsam setzt ein Lernprozess bei ihm ein: Die lassen das nicht mit sich machen!

Sein Rauswurf beeindruckt ihn: Taten überzeugen mehr als Worte. Viele Pseudo-Elitisten sind nur durch konsequentes Handeln zu überzeugen. Das ist zwar kein Naturgesetz, aber es ist ein recht zuverlässiger Erfahrungswert.

Eine Erfahrung, die jemand mit wachen Augen in wirklich jeder Branche, jedem Bereich von Wirtschaft und Gesellschaft machen kann – und sollte. Zum Beispiel auch in der Start-up-Szene.

DIE PSEUDO-ELITE VERSPIELT UNSERE ZUKUNFT

Wir haben bereits festgestellt, dass die Leistungselite nicht auf bestimmte Branchen festgelegt ist. Es stellt sich eine andere Frage: Hat Leistung etwas mit der Unternehmensorganisation zu tun? Wenn es eine Organisationsform quer durch alle Branchen gibt, in der ein ausgeprägtes Leistungsethos überdurchschnittlich oft anzutreffen ist, dann ist das bei den Start-ups. Das ist dann auch organisatorisch bedingt. Start-ups haben kaum Geld, kaum Leute, kaum Arbeitsmittel. Viele Start-ups wie Microsoft, Apple oder Amazon starteten buchstäblich in der elterlichen Garage oder im Keller. Wer da rauskommen und es zu etwas bringen möchte, hat keine andere Chance, als sich mit vollstem Einsatz zu engagieren. Das heißt nicht, dass das alle Start-ups tun. Es heißt lediglich: Wo andere wirtschaftlichen Organisationen sich auch mit viel Budget, mächtigen Investoren, gut ausgestatteten und bemannten Teams und Fachabteilungen nach oben arbeiten können, hat das typische Start-up nur diese drei Chancen: Leistung, Leistung und Leistung.

Jeff Bezos hat in seinen ersten Wochen ganz sicher nicht am Freitag um drei die Paketschnur aus der Hand fallen lassen. Er hat ein anderes Leistungsethos – wie übrigens Steve Jobs, Bill Gates und Richard Branson auch. Die Internet- und Start-up-Szene arbeitet und reüssiert mit diesem Ethos. Zum Beispiel Daniel.

Er hat vor zwei Jahren einen hoch dotierten, keineswegs überdurchschnittlich stressigen Job in einem renommierten, internationalen Konzern verlassen und sein eigenes Start-up gegründet. Daniel ist 32, lebt mit seiner Frau, sie ist Webdesignerin, und ihren zwei Kindern in einer funktionalen Wohnung, hat kein Auto und reißt 14-Stunden-Tage runter wie andere Leute Kalenderblätter. Wie viele Startups auf Messers Schneide zwischen Boom und Bust sucht er ständig nach Investoren und reist ihnen hinterher. Sagt einer ab, macht er gleich einen Termin beim nächsten, arbeitet noch härter, präsentiert noch pfiffiger und versucht nach besten Kräften, aus seiner Klitsche etwas Großes zu machen.

Seine Arbeitskollegen von damals heben die Augenbrauen, wenn man sich mal wieder sieht, und raunen: »Du musst auch mal chillen! Du arbeitest dich noch kaputt!« Sie sehen nicht, dass er förmlich aufgeblüht ist, seit er sich vor zwei Jahren selbstständig gemacht hat. Er kann das erklären: »Endlich wird Leistung wieder belohnt. Früher im Konzern hieß es immer nur: Machen Sie das, wofür Sie bezahlt werden und haben Sie keine spinnerten Ideen!«

»DIE SATURIERTEN« SABOTIEREN DEN START-UP-SPIRIT

Seine Kollegen nennt Daniel nur »die Saturierten«. Sie sind zufrieden mit dem, was sie haben. Sie sind keine Faulenzer! Beileibe nicht. Sie arbeiten ab, was ihnen vorgesetzt wird. Sie machen, was nötig ist. Sie geben das, was verlangt wird. Nicht weniger. Aber eben nicht mehr. Sie leisten nicht, sie leben – was total in Ordnung ginge, wäre da nicht ein blinder Fleck: Sie sehen nicht, was Daniel leistet. Sie erkennen seine Leistung nicht an. Was das eine ist. Daniel kann sicher gut ohne diese Anerkennung leben. Das andere aber ist: Wenn Daniels Start-up Fuß fasst, bläst er damit den kompletten Konzern aus dem Wasser, der immer noch das alte, lineare, analoge Geschäftsmodell verfolgt und noch nicht mitbekommen hat, dass Konsumenten,

Konkurrenz und Liefernetzwerke heute vorzugsweise digital unterwegs sind.

Daniel macht die Arbeit, die seine Ex-Arbeitskollegen und der Konzern nicht machen. Daniel macht, was sie machen sollten, müssten, könnten. Er packt ihre Aufgabe an: Zukunftssicherung. Er ist Elite. Sie halten sich selber dafür. Das merke ich, wenn ich bei Besuchen des betreffenden Unternehmens im Rahmen eines gemeinsamen Forschungsprojektes zwischen Universität und Praxisunternehmen und in der zwanglosen, privaten Unterhaltung mit Daniel (man kennt sich vom Projektstart her) zähneknirschend mitkriege, wie die Ex-Kollegen mit ihm oder über ihn reden: von oben herab (das häufigste Diagnose-Symptom für Elititis).

Sie lassen kein Gespräch vorübergehen, ohne ihn zu warnen: »Wenn du nicht rechtzeitig einen Investor findest, ruinierst du deine Familie! Das kannst du ihr doch nicht antun. Werd' endlich vernünftig.« Sie meinen es nur gut. Aber sie versuchen jemanden zu bremsen, der dreimal so viel Engagement bringt wie sie und glücklich ist dabei. Mehr noch: Sie geben Daniel das Gefühl, dass er sozial abgestiegen sei, nicht mehr auf ihrem Level, seit er sie und den Konzern verlassen hat. Sie sind jetzt etwas Besseres. Er ist bloß ein Startupper. Einer, der einen überbezahlten Job mit relativ geringen Anforderungen und grandiosen Karriereperspektiven aufgegeben hat, um sich selbstständig zu machen – so etwas tut man doch nicht!

Das ist typisch: Die Leistungsindolenten im Konzern verstehen sich selbst als Elite, als Speerspitze der Gesellschaft und schauen auf jene herab, die mehr leisten als sie. Und doch gibt es Hoffnung für Konzerne. Eine Hoffnung, die im Augenblick etliche Konzerne konkret realisieren. Eine Hoffnung mit prägnantem Namen: Start-in – eine Kurzform von »Start-up Inhouse«. Eben weil in

Start-ups (draußen, außerhalb von Konzernen) so unglaublich viel mehr, besser, flexibler und agiler geleistet wird, gründen Konzerne und andere Unternehmen mit eher rigider Struktur sozusagen im eigenen Unternehmen (aber meist nicht auf demselben Areal) Start-ups; die sogenannten Start-ins. Dort versammeln sie jene bereits vorhandenen Mitarbeiter und Führungskräfte, die vorher schon relativ fix und kreativ unterwegs waren. Behaupte keiner, dass Konzerne nichts dazulernen ...

DIE LEISTUNGSVERMEIDER SIND ÜBERALL

Wir alle leben in – wie sie in Psychologie und Soziologie genannt werden – Systemen: Familie, Beziehung, Verein, Nachbarschaft, Verwandtschaft, Firma, Abteilung, Verband, Partei, Freundeskreis. Wir können keinen Fuß in diese Systeme setzen, ohne auf Heerscharen von Leistungsvermeidern zu treffen. In Unternehmen übernehmen die, die ohnehin schon üppig mit Aufgaben, Maßnahmen und Projekten versorgt sind, regelmäßig dann auch noch jene anfallenden Aufgaben, Maßnahmen und Projekte, die andere, die deutlich weniger als sie leisten, mit dem Hinweis auf ihre »Überlastung«, die objektiv nicht gegeben ist, dankend ablehnen.

In Vereinen, insbesondere in Sportvereinen, ist der Mangel an Ehrenamtlichen seit Jahrzehnten sprichwörtlich – was auch alle wissen, die in Vereinen tätig sind. Natürlich gibt es viele Einflussfaktoren für diesen Mangel, zum Beispiel interne Seilschaften, die lieber den Verein ruinieren als jemand von außerhalb ihres Dunstkreises zum Kassen- oder Sportwart wählen zu lassen. Doch abseits dieser Faktoren fällt immer wieder auf, dass es meist dieselben Mitglieder und Ehrenamtlichen sind, die bei Festen, Veranstaltungen, Events und Meisterschaften das Maßband ziehen, Kampfrichter spielen, Spiele pfeifen oder beim Auf- und Abbau von Bühnen und Wettkampfarenen aktiv sind.

Das kleinste Abbild einer Leistungsverweigerung ist die Familie. Auch und gerade in Familien gibt es jene, die selbst unter denselben Voraussetzungen von zur Verfügung stehender Zeit und vorhandener Fähigkeit deutlich mehr leisten als andere Familienmitglieder. Es ist eben, typischerweise, immer die Mutter oder die Schwester, die die Spül- und Waschmaschine ausräumt – obwohl Vater oder Bruder das Ausräumen gut und ungerne selbst erledigen könnten. Dafür braucht man kein Abitur und kein doppeltes X-Chromosom.

Neulich kam es in einer befreundeten Familie zu einem ernsthaften Streit, weil die immerhin 20-jährige, am Ort studierende Tochter wiederholt zu spät zum Tisch decken, zum Zimmer putzen oder zum Spülmaschine ausräumen gekommen war und jedes Mal bei offensichtlich bereits komplett von anderen erledigter Aufgabe treuherzig gefragt hatte: »Kann ich noch was helfen?«

Die Mutter versuchte ihr zu erklären, dass dies in ihrer Jugend ein sarkastischer Spruch war, mit dem notorische Drückeberger praktisch in vorauseilender Selbstbezichtigung ironisch darauf hinwiesen, dass sie sich mal wieder erfolgreich um eine Arbeit gedrückt hatten. Die Tochter verstand das nicht. Sie war empört, dass die Mutter ihr doch tatsächlich Drückebergerei vorwarf:

»Ich habe doch ganz höflich gefragt, ob ich noch was helfen kann!«

»Aber du hast das gefragt, nachdem die Arbeit erkennbar schon erledigt war!«

»Wäre es dir lieber, ich würde nicht mehr fragen, ob ich helfen kann?«

»Es wäre mir lieber, du würdest nicht fragen, sondern helfen.«

»Aber fragen ist doch auch schön. Und höflich!« Und bringt nichts. Nicht der Mutter. Aber das übersah die Tochter geflissentlich.

Das ist vielleicht der einzige Trost am Drückebergertum: Es entlarvt sich immer wieder selbst. Höfliche Fragen zu stellen, reicht den Drückebergern schon. Reden ist schon genug. Handeln ist nicht nötig. Machen ja auch schon andere. Und so sind auch in Meetings jene mit den längsten Redebeiträgen zuverlässig jene mit den geringsten Umsetzungsbeiträgen. Ein Kollege nannte das mal »Murphy's Meeting Law«: »Je mehr einer redet, desto weniger arbeitet er.«

Das ist zynisch? Das ist noch gar nichts. Ein Schreiner-Azubi, der für drei arbeitet und sich bei seinen zwei Azubi-Kollegen über deren mangelnde Mitarbeit beschwerte, bekam zu hören:

»Ja, stimmt, über diese Aufgabe haben wir doch erst gestern geredet!«

»Ihr sollt nicht drüber reden, ihr sollt mit anpacken!«

Aber offensichtlich bestand genau darin der Dissens: Die Leistungsvermeider unter den Auszubildenden gingen offensichtlich implizit davon aus, dass es bereits ausreiche, darüber geredet zu haben. Der Azubi, der für drei arbeitet, glaubte, verrückt zu werden. Er ist nicht der Einzige.

DER ELITEN-CHECK: BIST DU PSEUDO ODER SCHAFFST DU ECHT WAS?

Als ich noch wissen wollte, ob ich mir das alles vielleicht bloß einbilde, bat ich einige Bekannte um ihre Erfahrungen. Ich habe das schnell beendet. Denn ich kam nie wieder aus den Gesprächen raus. Der Frust von Jahrzehnten entlud sich. Die Leute fanden kein Ende, regten sich fürchterlich auf. Und waren so dankbar, dass sie endlich jemandem erzählen konnten, »was grundsätzlich schiefläuft in diesem Land (diesem Laden, Unternehmen, Verein, dieser Abteilung, Gesellschaft, Familie ...)!«

Hier einige der schönsten Statements – Sie dürfen sie auch als Checkliste benutzen: Machen Sie überall dort ein Kreuzchen (oder nicken Sie gedanklich), wo Sie spontan zustimmen, was Sie schon gedacht oder gesagt haben oder was Ihnen auch schon passiert ist:

- »Es gibt Leute, die schaffen mit der Gosch und Leute, die schaffen mit den Händen – rate mal, welche bei uns das Sagen haben!«
- »Ich lege mich hier krumm und die Leute, die am wenigsten dazu tun, meckern am meisten!«
- »Alle wissen es wieder mal besser – aber glaubst du, auch nur einer von denen *macht* es besser?«
- »Wenn ich ein Arbeitspaket abliefere und 99 Prozent passen, hält mir mein Chef 20 Minuten lang das eine, mangelhafte Prozent vor.«
- »Ich habe noch nie erlebt, dass ich für irgendwas gelobt worden wäre. Bei uns heißt es immer: Das ist selbstverständlich. Dafür werden Sie schließlich bezahlt!«
- »Gute Ideen werden bei uns erst mal schlechtgemacht. Dann verschwinden sie von der Bildfläche. Dann tauchen

sie wieder auf – als Idee von irgendeinem Abteilungsfürsten. Dann sind sie plötzlich genial, und wehe, du weist darauf hin, dass die Idee geklaut ist.«

- »Wenn wir Erfolg haben, war's der Chef. Wenn nicht, waren wir's.«
- »Leistung ist okay – aber bitte nicht zu viel! Sonst fühlen sich unsere Platzhirsche bedroht.«
- »Die, die ständig fordern, sind nie die, die dann die Forderungen umsetzen. Die eigentliche Arbeit haben immer wir.«
- »Wenn du hier was bewegen willst, läufst du überall gegen Widerstände. Die Ärmel hochkrempeln will kaum einer.«
- »Das geht hier alles so fürchterlich langsam und zäh!«
- »Die diskutieren stundenlang über Bagatellen, anstatt in zehn Minuten zu klären: Wer macht was womit und mit welchem Ziel?«

Wie viele Kreuze? Wie oft genickt? Das geht allen so, die etwas leisten wollen. Irgendwann stellen wir fest: Die Leistungsverweigerer sind überall. Warum? Wie machen die das?

DER ELITISTEN-VIRUS

Der erfahrene Elitist operiert mit einem clever manipulativen Mechanismus. Sonst hätte sich die Leistungsindolenz nicht wie ein Virus in Gesellschaft, Politik und Wirtschaft verbreiten können. Die Pseudo-Elite *behauptet* nämlich nicht, Elite zu sein – sie tut schlicht so. Indem sie so tut, als ob. Genauer: Indem sie so *redet*, als ob.

Indem der Elitist so redet, als sei er etwas Besseres, stellt er automatisch alle anderen eine Stufe tiefer. Wer einen anderen schlechtmacht, kleinredet, bagatellisiert, kritisiert, verspottet oder verniedlicht, erhebt sich automatisch über ihn – ohne dass er noch formell oder explizit auf seine herausgehobene, elitäre Stellung hinweisen müsste. Die eigene Erhebung zur Pseudo-Elite erfolgt sublim und automatisch.

Wer sich so verhält, muss nicht *expressis verbis* sagen: »Ich bin besser als du!« Allein dadurch, dass er einen anderen kritisiert, kommuniziert er oder sie das quasi als Hypertext zwischen den Zeilen; ungesagt, aber hochwirksam. Ich erlebe das ständig.

Ich sitze zum Beispiel mit Gesprächspartnern am Tisch, die mich um Vorschläge bitten. Ich mache einen Vorschlag – und hast du nicht gesehen? – schon grätscht der Oberbedenkenträger dazwischen und meint: »Ja, aber die mechanische Seite dieser Lösung ist äußerst problematisch!« Und alle am Tisch schauen ihn an wie die Reinkarnation des Erfinders der Dampfmaschine. Weil zum einen keiner weiß, was er damit meint – aber Warnungen machen immer Eindruck, weil sie den Warnenden über die Gewarnten und alle anderen Anwesenden erheben. Und weil zum anderen keiner auf Anhieb erkennt, dass die mechanische Seite dieser digitalen Lösung nur rund fünf Prozent der Lösung ausmacht. Das ist Pipifax.

Aber allein mit diesem Pipifax-Einwand hat er sich in den Augen der Anwesenden zur Elite erhoben: Er weiß es besser (tut er nicht, er tut bloß so). Und ich mühe mich danach fünf Minuten lang ab, sein hanebüchenes Argument zu entkräften, und zwar von unten nach oben; die andere Seite von »one up, one down«. Das ist das pseudo-elitäre Prinzip: Bedenken, Kritik, Einwände, Skepsis, Vorwürfe, Forderungen.

Der Bedenkenträger hat den Leistungsträger abgelöst. Haste was, dann biste was: Bedenken reichen schon. Nein: Bedenken zählen mehr als Leistung.

Unsere Pseudo-Elite ist eine Elite der Bedenkenträger und Besserwisser, der Rechthaber, Skeptiker und Großsprecher. Es ist eine Schein-Elite. Dieser Schein wäre leicht zu entlarven! Und er wird auch manchmal aufgedeckt. Immer dann, wenn in der Managerrunde auch eine oder einer mit dabei ist, der oder die dem Leistungsethos treu ist und sich traut, den Mund aufzumachen. Dann sagt der oder die:»Lieber Kollege, nun kommen Sie mal runter vom Baum: Der Vorschlag ist konstruktiv und realisierbar und Ihr Einwand betrifft lediglich einen nachrangigen Aspekt der Lösung, den wir problemlos in den Griff kriegen.« Das passiert, wie gesagt, eher selten. Warum?

Weil der Elitist mächtig ist. Nicht, weil diese Macht auf irgendetwas Greifbarem, auf Expertise oder gar Leistung beruhen würde. Sondern weil man sich schon so an den Bedenkenträger gewöhnt hat, der seit zehn Jahren Bedenken durch die Gegend trägt, dass man sein Gerede gewohnheitsmäßig für bare Münze nimmt: die Macht der Gewohnheit. Wir sind alle viel zu unkritisch im Umgang mit unseren Elitisten. Wobei: Drehen wir den Spieß doch einfach um!

DIE ELITE MIT DEN EIGENEN MITTELN SCHLAGEN

Die»One up, one down«-Strategie der Elitisten ist wirksam und einfach. Das kann wirklich jede(r). Deshalb ist der Elitismus so weitverbreitet.

Die Abteilungsleiterin kündigt zum Beispiel mit einiger Freude an: »Die Geschäftsleitung hat zwar auch dieses Jahr das Budget dafür gestrichen, aber nächste Woche machen wir wieder unsere Abteilungsfete. Ich lade euch ein, geht auf meine Rechnung.«

»Ja, aber bitte nicht wieder Spanferkel-Essen – da nimmt man schon vom Zugucken drei Kilo zu!«, moniert die Höchstrangige unter den Abteilungselitistinnen. Einige lachen spontan über den Einwurf, die Abteilungsleiterin ist sichtlich sauer. Sie hat anderes erwartet – vielleicht nicht von ihren abteilungsbekannten Elitistinnen, aber von den anderen Abteilungsmitgliedern. Sie klagt mir: »Wieso lachen die so blöd, anstatt der vorlauten Dame zu sagen, dass man auch dankbar dafür sein könnte, dass ich das aus eigener Tasche bezahle? Das müsste ich nicht. Ich kann das auch bleiben lassen.«

Die Vorgesetzte hat vergeblich erwartet, dass zumindest einige in der Abteilung »Oh!« und »Ah!« sagen, die Chefin für ihre Initiative und Großzügigkeit anerkennen und sich auf die Feier freuen. Pustekuchen! Nach dem Einwurf der Elitistin denkt keines der anderen Abteilungsmitglieder auch nur daran, seiner Vorfreude über das Fest Ausdruck zu geben. Hinterher sagt mir die Vorgesetzte: »Mitarbeitermotivation? Sie sehen ja, wohin das führt. Ich sollte vielleicht meinen Führungsstil ändern. Weniger Motivation, mehr Befehl und Gehorsam.« Ich verstehe die Enttäuschung der Managerin, aber das ist natürlich auch keine Lösung. Was dann?

Es gibt eine ganz einfache Konter-Taktik gegen das »one up, one down« der Pseudo-Elite. Wir kommen nur meist nicht spontan darauf, weil wir von den Aktionen und Äußerungen der Elitisten in der Regel so überrascht, verblüfft und betroffen sind. Dabei liegt die Taktik auf der Hand: Den Spieß umdrehen und selbst »one up« spielen. Weil Elitisten oft unter Wiederholungszwang leiden – da ihr Verhalten ja »erfolgreich« ist – braucht man lediglich auf den nächsten Überfall zu warten.

Genau das macht eine Mitarbeiterin in der Produktentwicklung eines Tech-Unternehmens. Sie hat aus eigener Initiative für eine Software und deren Interface eine neue Maske entwickelt, um den Kunden einen einfacheren und intuitiveren Zugang zu ermöglichen. Die Pseudo-Elite sieht nicht die Eigenleistung und die freiwillige Mühe, sondern kritisiert, dass man bei mobilen Geräten zu viel scrollen muss und dass das Ganze schlecht programmiert sei, da die Ladezeiten zu lang seien. Die fleißige Mitarbeiterin steht da »wie der letzte Idiot«, wie sie einer Kollegin gesteht. Sie macht sich extra Mühe und erntet dafür nur Hohn und Spott und die Absage an ihre Entwicklung. Ihr passiert das öfter, weil sie häufiger mehr leistet als andere. In der Vergangenheit zog sie meist schmollend von dannen und schwor sich vorübergehend, nie wieder auch nur einen Handgriff mehr als den Dienst nach Vorschrift zu verrichten – wie ihre Kritiker auch. Diesmal nicht. Diesmal macht sie es anders.

Sie dreht den Spieß um. Sie sagt: »Gute Anregung. Danke. Wer übernimmt die Verbesserung meines Programmcodes?« Bei einigen Elitisten klingelt es bereits: Sie erkennen, dass hier jemand den Aspekt der Leistung ins Gespräch bringt und verstummen. Andere wehren sich noch:»Das ist nicht unser Job.« Worauf die Kollegin antwortet:»Das sehe ich anders. Wer kritisiert, muss auch bereit sein, es besser zu machen.« Zumal die Einwände der Elitisten nicht wirklich überzeugend waren: Scrollen muss man auf mobilen Geräten immer etwas mehr als am PC-Bildschirm und »schlecht programmiert« ist das Ganze auch nicht. Aber das gaben die Elitisten widerwillig stumm oder leise murrend erst zu, als die fleißige Kollegin den Spieß umgedreht und sich verbal in die »One up«-Position gebracht hatte.

Für viele Leistungsträger sind solche Situationen ein Befreiungserlebnis. Sie erkennen, wie einfach es ist, übergriffige Elitisten in die Schranken zu weisen und wie leicht sie sich jahrelang haben unterbuttern lassen, obwohl sie deutlich mehr leisten als jene, die sie unterbuttern. Eine Abteilungsleiterin in einem sehr patriarchalisch geprägten mittelständischen Unternehmen trieb das auf die Spitze.

Weil ihre Geduld wegen der ständigen Selbstbeweihräucherung der Elitisten in Meetings am Ende war, hat sie in der nächsten Sitzung einfach so quer reingequasselt:

»Ja, aber nur unter Berücksichtigung des jeweiligen Brachial-Index!«

Keiner fragte nach, aber alle schauten schwer beeindruckt drein. Einen Tag später hakte eine Kollegin nach:

»Was ist ein Brachial-Index?«

»Das Verhältnis von Unter- zu Oberarm.«

»Was hatte das mit den Büromöbeln zu tun, über die wir geredet haben?«

»Nichts. Ich hatte lediglich die nutzlose Dauerdiskussion satt und wollte auch mal etwas Dummes sagen.«

Die beiden Frauen lachten sich schlapp. Auch das hilft gegen die Auswüchse der Pseudo-Elite: Humor. Und blanke Ironie. Beides gönnen wir uns viel zu selten.

Wir lassen viel zu oft den Elitisten zu vieles durchgehen. Weil wir meschugge sind? Viel zu gutmütig? Aus einem falschen Verständnis von Toleranz und Political Correctness heraus? Nein. Wir nehmen die allfällige Leistungsverweigerung überwiegend resignativ zu Kenntnis, weil sie schon so normal geworden ist. So ist die Welt nun mal. Es machen doch alle! Müssen wir uns mit abfinden. Genau das tun wir schon viel zu lange. Jetzt ist Schluss damit. Ich nenne Ihnen auch die Gründe dafür.

ZWEI GRÜNDE, DEN ELITISTEN IN DEN HINTERN ZU TRETEN, DEN SIE NICHT HOCHKRIEGEN

Warum sind wir hier? Warum lesen Sie das, warum schreibe ich das, warum regen wir uns auf?

Ist die Aufregung nicht sinnlos? Weil: So ist der Elitist nun mal! Hält sich für was Besseres, kriegt aber wenig gestemmt. Also warum die Empörung? Aus zwei Gründen.

ERSTER GRUND, ELITISTEN IN DEN HINTERN ZU TRETEN: WER LEISTUNG NICHT ANERKENNT, PROVOZIERT MINDERLEISTUNG

Wenn sich Pseudo-Elitisten im Angesicht von Leistung blind, taub und stumm stellen, setzen sie damit ein sogenanntes »Disincentive to Work« (meinen Dank an die Finanzwissenschaft für den praktischen Begriff). Ein Disincentive to Work ist, locker übersetzt, eine »Arbeitsabschreckung«, also das Gegenteil von Anreiz, Motivation, Incentive. Ein etwas abstrakter Begriff? Praktisches Beispiel: Großer Mittelständler, fünf Ausbilder, drei davon haben beinahe 30 Prozent Ausbildungsabbrecher, zwei haben null Prozent. Wie das? Bemerkenswert ist, dass die Geschäftsleitung sich »für sowas« interessiert. Warum? Worauf tippen Sie? Logisch: Mittelständler = Leistungsethos (in der Regel; es gibt auch grandiose Ausnahmen). Hier interessiert man sich noch dafür, warum zwei Ausbilder das hinkriegen und drei andere nicht. Der Fertigungsleiter nimmt sich extra einen Nachmittag lang die Zeit, um die fünf teilnehmend zu beobachten. Am Abend sagt er: »Es gibt viele Unterschiede in Herangehensweise, Kommunikation, Methodik und Einsatz von Interventionen. Der entscheidende Unterschied scheint mir aber zu sein: Die beiden herausragenden Ausbilder geben durchgängig und lückenlos anerkennende Rückmeldung für alles, was positiv bei der Leistung unserer Azubis anzumerken ist. Die anderen drei Ausbilder kommunizieren hauptsächlich, um Fehler zu korrigieren.« Der Volksmund weiß das: Der Mensch lebt nicht vom Brot allein. Er braucht auch Anerkennung.

Wenn der Mensch für das, was er gut macht, keine Anerkennung erfährt, bricht er eben die Ausbildung ab oder fährt seine Leistung zurück. Nicht alle tun das, aber eben ein Drittel der Azubis. In Zeiten des Fachkräftemangels, wo Azubis demnächst in Gold aufgewogen werden, ist das fatal. Und das nur, weil einige Ausbilder sich zu gut dafür sind, Leistung zu loben. Aber vielleicht wissen die drei Meister das bloß nicht? Haben es nie gelernt? Würden sie also von einem Kommunikationsseminar profitieren? Das vermutet der Fertigungsleiter zunächst auch. Bis er eines Besseren belehrt wird. Von den drei lobkargen Meistern selbst.

Die drei Ausbilder erfüllen zu 100 Prozent die Merkmale der Pseudo-Elite: Sie blicken auf ihre zwei erfolgreichen Kollegen herab, sie machen auch nicht den kleinsten Hehl daraus. Warum auch? Sie fühlen sich im Recht (noch ein Symptom). Sie haben sogar die niedere Stirn, dem beobachtenden Fertigungsleiter hinter vorgehaltener Hand den wertvollen Tipp zu geben: »Wie die beiden Kollegen sich mit den Azubis gemein machen – einfach widerlich. Wie die denen Puderzucker in den Hintern blasen! So benimmt sich ein Meister nicht. Den Lehrlingshaufen musst du halbtäglich strammstehen lassen, sonst wird nie was aus denen!« Völlig logisch. Und auf Basis dieser Elitisten-Logik loben die drei generell und prinzipiell keine Leistung – und knapp ein Drittel der Azubis ist weg.

Der Fertigungsleiter beobachtet bei besagten drei Ausbildern noch ein anderes Verhalten: Sie weisen ihre Auszubildenden regelmäßig in die Schranken. Nicht nur, wenn diese Dreck in der Werkstatt machen oder Werkzeuge unsachgemäß behandeln – dann üben alle fünf Ausbilder Kritik. Sondern auch, wenn die Azubis »übers Ziel hinausschießen«, also zum Beispiel Vorschläge für Arbeiten, Prozesse oder Projekte machen, die mit den unmittelbaren und aktuellen Ausbildungsinhalten nur am Rande oder wenig zu tun haben. Die beiden Ausbilder mit Abbrecherquote Null begrüßen auch diese Vorschläge und signalisieren damit: Zusatzleistung wird anerkannt und diskutiert. Vielleicht wird nicht jeder Vorschlag realisiert, aber grundsätzlich ist Sonderleistung willkommen.

Was passiert mit den Lehrlingen, die von den anderen drei Meistern ausgebildet werden? Die Azubis lernen: »Über das Übliche hinausgehende Leistung lohnt sich nicht. Denn vom Meister hört man diesbezüglich immer nur Ablehnung. Zusatzleistung wird nicht gewünscht, gefördert oder anerkannt – also wozu sich mehr Mühe als unbedingt nötig geben?« Und schon ist ein neuer Jahrgang mit dem Leistungsverweigerungs-Virus angesteckt. Da soll niemand sagen, dass unser Bildungssystem keine intergenerationelle Weitergabe von Kernwerten ermöglichen würde. Das tut es. Und wie! Wir bilden von Generation zu Generation immer mehr junge Menschen in Leistungsindolenz aus. Dabei haben wir bislang lediglich die gedankliche Leistungsfeindlichkeit der Elitisten beleuchtet. Über ihre faktische Leistungs*verweigerung* haben wir noch gar nicht geredet. Diese jedoch ist der springende Punkt; genauer: der *zweite Punkt*.

ZWEITER GRUND, ELITISTEN IN DEN HINTERN ZU TRETEN: SIE LASSEN IHRE ARBEIT LIEGEN – UND WIR MÜSSEN DAS AUSBADEN

Sie und ich könnten auch in einer Welt ohne adäquate Anerkennung leben (also in der gegenwärtig real existierenden). Was das Überleben jedoch zunehmend schwierig macht, ist: Die Arbeit der Leistungsindolenten bleibt liegen! Elitisten verweigern Leistungsträgern nicht nur die verdiente Anerkennung und meckern chronisch, notorisch und unproduktiv in der Gegend herum. Nein, sie machen auch nicht mehr als unbedingt nötig ist. Und die über das absolut Nötige hinausgehende Arbeit verschwindet ja nicht, bloß weil sich einige zu schade dafür sind.

Natürlich ist das ungerecht: Wenn der Elitist sich zu fein dafür ist, sich die Finger schmutzig zu machen, müssen eben wir seine Arbeit übernehmen. Wie so oft. Noch vor dem Gerechtigkeitsaspekt schlägt die eigentliche Arbeit ins Kontor: Sie muss gemacht werden. Das ist logisch. Für Sie und mich.

Für die Pseudo-Elite ist es das nicht. Zum Beispiel für das Tiefbauamt einer mittelgroßen Stadt in Süddeutschland. Wann immer es für Kanalisation oder Strom etwas zu graben gibt, kriegt der Leiter des Dezernats »Straßen und Kanäle« die Krise: »Anschlüsse sind nicht freigelegt, Grabungen enden einen Meter vor Bemaßungsende, manche Gräben sind zu schmal ausgehoben oder nicht abgestützt.« Seit Jahren liegt er im Clinch mit seinem Amtskollegen vom Tiefbau, der immer neue Ausreden auftischt wie »Ihr habt das falsch ausgemessen!« oder »Dafür war keine Zeit mehr!« Das Resultat bleibt immer dasselbe: Die Arbeit, die nötig ist, wurde nicht erledigt. Wenn die Rohr- oder Kabelleger antreten, können sie nicht anfangen, weil a) die Arbeit nicht gemacht ist und b) sie für Grabungsarbeiten keine Werkzeuge haben.

Also übernimmt seit Jahren der Leiter des einen Dezernats die liegen gebliebene Arbeit seines Dezernatskollegen und lässt nacharbeiten, nachbessern, nachgraben. Was sagen die Vorgesetzten der beiden dazu? Nicht viel. Manchmal bringt einer den Punkt in ein Meeting ein. Aber da der notorisch säumige Dezernatsleiter »einen guten Draht« zum Baubürgermeister und der Baubürgermeister das letzte Wort hat, hat sich die Sache totgelaufen. Nach zwei, drei ergebnislosen Versuchen haben sich alle irgendwie mit der Misere arrangiert. Der Dezernatsleiter, der Jahr für Jahr die Suppe auslöffelt, kommentiert sarkastisch: »Wie schon in der Bibel steht: Einer trage des anderen Last.«

LEISTUNG IST HEUTE EIN TABUTHEMA

Wann haben Sie das letzte Mal etwas über das Thema Leistung in der Zeitung gelesen? Ja, klar, im Sportteil, wobei Erfolg meist als Surrogat für Leistung steht: neuer Weltrekord in der Leichtathletik, Nadal gewinnt einen Fünfsatz-Krimi beim Grand-Slam-Turnier. Aber außerhalb des Sportteils? Auf der Titelseite einer x-beliebigen, überregionalen Tageszeitung: »Rückschlag für Theresa May« und »Geschasster Beamter wirft Trump Lügen vor«. Mit Leistung hat das nichts zu tun. Im Innenteil: »Tod am Golf« und »Strafe für Todesfahrer auf dem Prüfstand«. Dann endlich: der Wirtschaftsteil. Im Kommentar wird Großbritannien für den Brexit kritisiert. Ich hätte gerne erfahren, was die einzelnen Ministerien, Unternehmen und Verhandlungsdelegationen derzeit leisten müssen, um das Austrittsvorhaben zu stemmen. Doch davon lese ich nichts.

Darunter ein Bericht über Elke Eller, die als Personalvorständin des Reisekonzerns TUI jene Arbeitskräfte rekrutieren soll, die den Konzern digital transformieren. Das ist ein hehres Ziel. Mit welcher Leistung sie dieses Ziel zu erreichen sucht, wie sie die ohnehin knappen IT-Youngsters der Generation Y ins Unternehmen locken und dann dort halten möchte – die Fachausdrücke dafür heißen »Recruiting« und »Staff Retention« – das alles hätte ich gerne erfahren. Aber ich erfahre es nicht.

Wenn Leistung dann mal erwähnt wird, entschuldigt sich die Redaktion sogleich dafür, indem sie die Leistung relativiert oder bagatellisiert, wie zum Beispiel unter dem Bild eines imposanten Containerschiffs: »Schon ein ziemliches Teil, das Schiff *Ludwigshafen Express* aus dem Fuhrpark des deutschen Marktführers Hapag-Lloyd.« Hey, »ziemliches Teil« und »deutscher Marktführer« – das klingt doch nach

Anerkennung und nach außergewöhnlicher Leistung! Endlich schreibt mal jemand darüber. Aber weil das offenbar nicht (mehr) erwünscht ist, schickt der Redakteur gleich hinterher:»International spielt die Firma nur eine kleine Rolle.« Nun gut, vielleicht sollte ich für eine angemessene Würdigung von Leistung keine Tageszeitung, sondern *Handelsblatt* oder *Wirtschaftswoche* lesen. Doch darum geht es mir nicht. Es geht mir nicht um Informationsbeschaffung. Es geht mir vielmehr darum: In den nationalen Leitmedien findet Leistung eher selten statt. Leistung wird meist totgeschwiegen oder schlechtgeredet.

Ein anderer Fall sind Lifestyle-Medien, die regelmäßig über Mode-Bloggerinnen und sogenannte »Influencer« berichten, die ihr Geld damit verdienen, dass sie Produkte gut finden.

HILFE, MEIN KIND WILL BLOGGER WERDEN!

Eine meiner Bekannten hat eine Zeitung abonniert, die kürzlich über eine Mode-Bloggerin berichtete. Sie hat die Seite herausgerissen und vor ihrer Tochter versteckt:»Sie liest zwar ohnehin kaum Zeitung, aber sicher ist sicher. Als ob nicht jetzt schon drei Viertel der Mädchen in ihrer Klasse Bloggerin werden wollen.« Warum? Weil es ihnen Spaß macht, sich mit Mode und Lifestyleprodukten zu beschäftigen. Das muss man als Mutter oder Vater nicht mögen, aber das ist auch nicht das Problem. Das Problem ist, dass die einschlägigen Zeitschriften und TV-Formate so tun, als müssten Bloggerinnen, YouTuber und »Influencer« eigentlich gar nichts leisten, um erfolgreich zu sein. Scheinbar tun sie den ganzen Tag nur, was ihnen Spaß macht, und schon fliegen ihnen die »Likes« nur so zu. Wie selbstverständlich stehen die Top-Mode- und Kosmetikfirmen Schlange und bemustern sie mit dem neuen »heißen Scheiß«.

Sehr selten oder gar nicht wird darüber berichtet, dass erfolgreiche Bloggerinnen und andere Social-Media-Sternchen eine ganze Menge lernen mussten, bis sie erfolgreich wurden. Dass sie wahrscheinlich lange und viel ausprobiert haben, bis sie andere begeistern konnten. Und dass sie sich ganz bestimmte Fähigkeiten und Techniken aneignen mussten, um Reichweite zu erzielen – und damit »Likes« zu bekommen. Die Bloggerinnen und Influencer selbst erzählen von diesen Anstrengungen nichts. Die Leichtigkeit auf der Oberfläche gehört zu ihrer Selbstvermarktung dazu.

Die Medien aber übernehmen völlig unkritisch diese Form der Selbst-PR. Wie die Zeitung meiner Bekannten. Sie tut so, als sei der Erfolg der Bloggerin vom Himmel gefallen. Deshalb soll die Tochter den Artikel lieber nicht lesen. Man sollte den Einfluss der klassischen Medien gerade auf die junge Generation zwar nicht überbewerten. Aber für die Ausbildung und Pflege einer Leistungskultur sind sie mehrheitlich nicht sonderlich hilfreich.

Ein Großvater wandte an dieser Stelle ein: »Das ist nicht neu. Früher wollten doch alle Rockstar werden!« Eben nicht. Früher wollte gefühlt ein Drittel der Jungs Lead-Gitarrist werden (um Mädels abzuschleppen) und ein Drittel der Mädchen Supermodel (um andere Mädels zu düpieren). Heute sind es in vielen Klassenverbänden drei Viertel, die im Internet reich und berühmt werden wollen. Wer auch nur andeutet, später einmal einen echten Beruf erlernen zu wollen und deshalb brav seine Hausaufgaben macht, gilt schon als Streber.

Ein Vater winkte diesbezüglich ab: »Halb so wild! In der Klasse von meinem Ältesten will die Hälfte der Jungs später mal Fußballstar werden!« Er meint, das sei dieselbe illusorische Verirrung. Er sieht nicht den Unterschied: Wenn es um Fußball geht, ist immer die Rede davon, wie viel und wie hart man trainieren muss, um Profi zu werden. Jedes Kind weiß: Cristiano Ronaldo wurde nicht wegen seiner Frisur zu einem Weltstar, sondern weil er schon immer mehr trainiert hat als andere. Selbst wenn es die Fußballkinder später nur bis in die Landesliga schaffen: Sie haben das Leistungsprinzip durch ihre Sportart kennengelernt. Man kann noch so viele positiven Anlagen haben, sie allein sind noch kein Erfolgsgarant. Ohne Leistung kein Erfolg.

MACHT DAS ALLES SINN?

Natürlich sollten wir den Einfluss von klassischen und neuen Medien nicht überschätzen: Wenn im Elternhaus kein Leistungsethos gelebt und vermittelt wird, können auch alle Medien der Welt das nicht wiedergutmachen.

Die Pseudo-Elite konnte sich auch deshalb so ungestört entwickeln und schwarmartig verbreiten, weil es nirgendwo in der Gesellschaft ein adäquates Korrektiv gibt. Auch nicht in der Politik und schon gar nicht in den Medien. Wenn Leistung als solche nicht thematisiert, gewürdigt, auch kritisch besprochen und anerkannt wird – wie soll dann ein (junger) Mensch auf die Idee kommen, dass Leistung ein Teil unserer und seiner Kultur sein könnte? Aus den Augen, aus dem Sinn. Was man nicht sieht, kann man nicht wissen und was man nicht weiß, lebt man nicht. Gutes Stichwort. Wofür lebt die Pseudo-Elite eigentlich?

Was ist der Sinn ihres Lebens?

Macht so ein Leben überhaupt Sinn?

>»Nicht die Art der Tätigkeit macht glücklich,
sondern die Freude
des Schaffens und Gelingens.«*
Carl Hilty

3 DER SINN DES LEBENS: WAS WOLLEN DIE ARBEITSVERWEIGERER?

SINN DER LEISTUNGSVERMEIDUNG

Die Werbeagentur in einer deutschen Großstadt hat den Prospekt für ein Möbelhaus fertig. Der Art Director sagt: »Schickt dem Kunden die Datei zur Korrektur.« Die Kontakterin wendet ein: »Aber so kann das nicht raus! Da sind noch jede Menge schiefer Formulierungen drin, und das Layout flattert auch an ein paar Stellen.«

Der Agenturchef meint: »Nun sei mal nicht päpstlicher als der Papst. Wenn da was nicht stimmt, wird sich der Kunde schon melden.« Der Texter sagt: »Für Nachbesserungen habe ich echt keine Zeit mehr. Ich sitze schon am nächsten Auftrag. Außerdem sind meine Stunden für diesen Kunden aufgebraucht. Der zahlt nicht mehr, also kriegt er nicht mehr.« Die Grafikerin schaut nur kurz von ihrem Bildschirm auf und sagt: »Dito«. Worauf die Kontakterin erwidert: »Nee, Leute, sowas gebe ich keinem Kunden, da muss man sich ja schämen. Ich geh' da nochmal drüber.« Sie geht die Extra-Meile, sie bringt die Mehrleistung.

Das ist zwar nicht ihre Aufgabe und entspricht auch nicht ihrer Stellenbeschreibung (sie ist Kontakterin und weder Texterin noch Designerin), und eigentlich hat sie dafür auch weder die Zeit noch die nötige Ausbildung. Aber sie hat sich über die Jahre eine präzise, dudenfeste Sprache angeeignet und so viel Know-how für die Bedienung des Layout-Programms von den Grafikern stibitzt, dass sie die gröbsten textlichen Ungenauigkeiten eliminieren kann – also ringt sie sich eine Stunde ab und überarbeitet den Prospekt, bevor dessen Datei an den Kunden geht. Als ich sie im zwanglosen Gespräch in der Kaffeepause einer Fachtagung frage, warum sie sich solche Mühe macht, sagt sie:

»Etwas offensichtlich Fehlerhaftes einem Kunden schicken? Also, da bekomme ich Bauchschmerzen.«

Ich wende ein: »Aber eine Stunde zusätzlich investieren, die Sie nicht haben – das macht doch auch Stress?«

»Ja, schon, aber viel weniger als das Bauchweh. Und wenn ich sehe, dass nach der Mühe ein Auftrag fehlerfrei rausgeht – das macht einfach ein gutes Gefühl, dafür lohnt es sich doch, das ist doch der ganze Spaß bei der Arbeit. Es kann mir doch keiner einreden wollen, dass eine halb fertige Arbeit große Freude bereitet. Dafür arbeitet man doch nicht, darauf kann man doch nicht stolz sein. Außerdem: Der Kunde sieht die Fehler ja auch und schmiert mir das dann beim nächsten Gespräch brühwarm aufs Brot. Ich will mich einfach nicht für meine Kollegen fremdschämen müssen. Wenn der Kunde zufrieden ist, kann ich es auch sein.« Das ist ein Bekenntnis, ein Credo. So reden Hochleister. Das leuchtet ein, das macht Sinn. Für die Kontakterin.

Für ihre KollegInnen und den Agenturchef offensichtlich nicht. Diese Extraleistung macht für sie keinen Sinn, was die

Kontakterin nicht versteht: »Ich verstehe den Chef und die Kollegen nicht: Welchen Sinn macht es, halbe Arbeit abzuliefern?« Gute Frage.

Macht so ein Leben Sinn?

WELCHEN SINN ERGIBT ES, LEISTUNG ZU VERWEIGERN?

Es passiert nicht oft, aber in dieser Agentur passiert es: Die Kolleginnen und Kollegen diskutieren ein Thema, das in diesem Lande seit Jahrzehnten totgeschwiegen wird. Sie reden über Leistung. Auch weil die Kontakterin ihr Leistungsethos nicht versteckt und den Kolleginnen und Kollegen gelegentlich provokant die Frage um die Ohren haut: »Welchen Sinn macht eure Arbeit, wenn ihr keine Leistung bringt?« Darauf können die Kolleginnen und Kollegen nur auf eine Art und Weise reagieren: empört.

Der Texter schnaubt: »Das ist doch sinnlos, dreimal über einen Text drüber zu gehen. Fertig ist fertig!«

Die Grafikerin meint: »Leistung ist Arbeit in der Zeit. Ich habe keine Zeit mehr für diesen Auftrag: Keine Zeit, ergo keine Leistung.«

Der Chef sagt zur Kontakterin: »Du hast eine volle Stunde für die Überarbeitung drangesetzt. Eine Stunde, die mir der Kunde nicht bezahlt. Die zahle ich aus eigener Tasche. Finde ich nicht lustig.«

Der Art Director empört sich: »Wenn Text und Layout fertig sind und ich das freigebe, dann bleibt das auch frei. Seit wann ist der Kontakt die letzte Korrekturinstanz im Haus? Das haben wir noch nie so gemacht und aus gutem Grund.«

Da spricht er ein großes Wort gelassen aus. So verrückt es uns Leistungsträgern auch erscheinen mag: Es gibt durchaus Gründe, nicht, nichts oder weniger als nötig zu leisten. Gute Gründe wie: keine Zeit, kein Geld, die Arbeitsabläufe sehen es nicht vor, das entscheide ich und sonst kein anderer. Nimmt man diese Haltung ein, macht Leistungsverweigerung Sinn. All jene, die Leistung verweigern, haben dafür (mindestens) einen guten Grund. Sie fühlen sich im Recht. Es ergibt für sie Sinn, die Leistung zu verweigern – im sogenannten »Single Loop«, wie Chris Argyris, Yale-Professor und Mitbegründer der Organisationsentwicklung sagen würde; also »einschleifig« oder kurzfristig gedacht.

Kurzfristiges Denken vernachlässigt aber den »Double Loop«, das Denken in der Doppelschleife: was aus dem System zurückkommt, wenn man eine Leistung nicht bringt. Die Kontakterin weiß das: »Der Kunde ist ja nicht blöd. Der merkt doch, dass wir ihm für sein Geld praktisch eine Betaversion voll mit Fehlern schicken. So etwas bekommt er auch von anderen Agenturen – für weniger Geld. Also springt er irgendwann ab. Wenn ich mir dagegen die Extra-Mühe mache, bleibt er uns treu, versorgt uns mit Folgeaufträgen und empfiehlt uns weiter. Außerdem fallen die Kosten für die Arbeitszeit doch sowieso an, wenn der Kunde die Fehler entdeckt und wir den nachträglichen Korrekturaufwand tragen müssen! Die Zeit müssen wir ohnehin investieren. Also warum nicht gleich?« Im Amerikanischen gibt es ein Akronym und einen Begriff dafür: FTR, First Time Right.

Kurz und gut: Leistung lohnt sich. Eine Binsenweisheit, ich weiß. Sie stimmt aber immer noch.

Die Logik der Leistungsindolenten stimmt dagegen nicht: »Keine Zeit!«, »Kein Budget!« und restriktive Arbeitsabläufe sind keine unüberwindlichen Hindernisse, welche die diskutierte Leistung unmöglich machen würden. Denn selbstverständlich ist auch die Kontakterin eben diesen Restriktionen unterworfen: Auch sie hat im Grunde keine Zeit, etwas zu tun, das »eigentlich« noch nie so gemacht wurde und eigentlich auch nicht ihre Aufgabe ist. Trotzdem macht sie es. Weil sie es für sinnvoll hält – im Gegensatz zu den anderen. Die halten solche »unnötigen Arbeiten« nicht für sinnvoll. Das muss man sich auf der Zunge zergehen lassen: Nichts zu leisten, ist sinnvoll?

Ja. Abweichend von dem, was der gesunde Menschenverstand uns gerne suggerieren möchte, ist Leistungsfeindlichkeit nicht sinnlos. Sonst würde sich Leistungsindolenz nicht so rasant verbreiten und so zäh halten.

Leistungsindolenz macht nicht nur Sinn. Sie macht in vielerlei Hinsicht Sinn. Betrachten wir einige der beliebtesten Sinnstiftungen der Leistungsverweigerung.

FAULHEIT ERGIBT SINN

Wählen wir ein total banales Beispiel: Kaffeebecher. Genauer: schmutzige Kaffeebecher. Wenn wieder mal einer oder gar eine idyllische Ansammlung derselben in der Kaffeeküche des Büros herren- und frauenlos herumsteht, gibt das einen schönen Lackmustest für Leistungsorientierung bei den Beschäftigten ab. Wie schön und wie praktisch: Wir können Elitisten bereits mithilfe eines simplen Kaffeebechers relativ zuverlässig identifizieren. Die einen regen sich auf, die anderen zucken mit den Schultern und ignorieren die sich anbahnende Sauerei.

Für die Leistungsverweigerer macht es jede Menge Sinn, einen gebrauchten Kaffeebecher nicht in die Spülmaschine einzuräumen. Es macht Sinn, den eigenen versifften, gebrauchten, mit dickem, unappetitlichem Kaffeerand (und womöglich mit Lippenstift) versehenen Kaffeebecher ganz oben, quasi als Krönung, auf der Spülmaschine zu deponieren. Der Sinn ist trivial, aber lohnend: Wer den Becher stehen lässt, muss ihn nicht einräumen.

Man spart einige Handgriffe und eine Bückbewegung, es ist bequemer. Bequemlichkeit macht Sinn. Das gilt für den Kaffeebecher und das gilt für die Nachbesserung des fehlerhaften Prospektauftrags in der Agentur. Es gilt meiner Meinung nach auch für alle anderen Probleme, ob es sich um Probleme in der Arbeitswelt, im privaten Umfeld, oder um global-gesellschaftliche Probleme handelt, die auch und gerade aus Bequemlichkeit nicht energisch genug angepackt werden. Aus gutem Grund: Sich Aufwand zu ersparen, ist (kurzfristig) rational. Natürlich ist es ein Unding, wenn diese Bequemlichkeit des einen zur unmittelbaren Folge hat, dass ein anderer dann dessen Aufgabe mit übernehmen muss. Aber das war nicht die Frage. Die Frage war: Spinnen die faulen Säcke? Oder ergibt Leistungsverweigerung tatsächlich einen Sinn? Antwort: Genau das tut sie. Faulheit macht Sinn – zumindest aus individual-rationaler und kurzfristiger Perspektive. Aus der eigenen Bequemlichkeit heraus Leistung zu verweigern, ergibt Sinn, weil die Leistungsverweigerung dem Leistungsverweigerer Arbeit erspart. Faulheit macht Sinn, genauso wie Angst: Ein weiterer Grund, warum Leistungsverweigerung Sinn macht.

ANGST ERGIBT SINN

Es ergibt Sinn (für den Elitisten), sich nicht anzustrengen, man könnte das als Abwehrreaktionen auf äußere Gegebenheiten nennen. Eine andere Art der Sinnstiftung dient eher der Angstvermeidung: Der Elitist leistet lieber nicht, versucht es gleich gar nicht, damit er auch nicht scheitern kann – und sich somit die Versagensangst spart. Mir fällt dazu der Sohn einer Bekannten ein.

Der Sohn hätte sich auf eine Stelle bewerben können. Da es eine besondere Stelle ist, war die Zusammenstellung der Bewerbungsunterlagen mit etwas Aufwand verbunden, unter anderem wurde ein zweiseitiger Aufsatz über ein Wirtschaftsthema verlangt. Der Sohn bewarb sich nicht. Er fand neben seinem aktuellen Job »einfach nicht die Zeit und die Muße dafür«. Der Vater hätte ihn fast enterbt: »Das ist Leistungsverweigerung«, tobte er. »Nein«, sagte seine Partnerin. »Das ist Angst. Dein Sohn hat Angst, die Stelle nicht zu bekommen, weil sie wirklich der Oberhammer wäre. Das ist Versagensangst.« Sie sehen, Angst ergibt Sinn.

So absurd es klingt: Wer aus Furcht eine Leistung verweigert, verhält sich aus seiner eigenen Perspektive betrachtet rational – im Sinne der Rationalität von Verdrängung, Verleugnung und Vermeidung. Das sind zwar langfristig untaugliche, aber immerhin weitverbreitete Bewältigungsstrategien. Im Single Loop gedacht bedeutet das: »Warum sollte ich etwas tun, das mir Angst macht? Es widerspricht dem Lustprinzip.« Natürlich ist Vermeidungsverhalten kein konstruktiver Umgang mit Angst, sondern mentalhygienisch ein Bumerang mit kurzfristiger Erleichterung und langfristiger erlernter Hilflosigkeit samt all ihrer möglichen Kompensationssymptome wie Machtmissbrauch oder Konsumrausch. Aber auch das war nicht die Frage.

Die Frage war: Macht Leistungsverweigerung für den Leistungsverweigerer Sinn? Das tut sie. Leistungsverweigerung macht Sinn, wenn man damit Angst verdrängen möchte. Pflegt man diese Leistungsablehnung über einen längeren Zeitraum hinweg, kann sie sich zur resignativen Grundhaltung auswachsen. Der zweite Sohn des erwähnten Bekannten hat sich diese Haltung zugelegt.

RESIGNATION ERGIBT SINN

Der zweite Sohn ist hochintelligent, mit großem Potenzial, das ihm seit Jahren Eltern, Lehrer, Professoren und Ausbilder bestätigen. Aber, wie sein aktueller Vorgesetzter sagt: »Talent allein reicht nicht, wenn man sich nicht anstrengt.« Das tut der Besagte nicht. Er sagt in einem raren Moment der Offenheit: »Wieso soll ich mich anstrengen? Wenn du dich nicht anstrengst, kannst du auch nicht enttäuscht werden!« Er sagt das nicht, weil er cool ist. Sondern weil er starr vor resignativ vorweggenommener Versagensangst ist. Er versucht, Angststarre mit vermeintlicher Coolness zu überspielen. Das Kalkül ist so paradox wie erschreckend: Wer nichts Überragendes, Außerordentliches erwartet, anpackt oder leistet, kann auch nicht enttäuscht werden oder sich und andere enttäuschen. Schon im Voraus zu resignieren, ergibt also durchaus Sinn. Ich sage nicht, dass es gut ist, Ergebnisse bringt oder glücklich macht. Doch Leistungsvermeidung zwecks Stressvermeidung macht Sinn. Kurzfristigen Sinn aus Sicht des betroffenen Menschen.

Resignation ist die passive Reaktion auf subjektiv als »zu viel« empfundenen Druck und Stress. Rebellion ist die aktive Reaktion. Auch Rebellion ergibt Sinn.

Sinnvoll ist es auch, Leistung zu vermeiden oder gar zu verweigern, wenn Leistung als Druck- und Machtmittel eingefordert und missbraucht wird, nach dem Motto: »Du machst das jetzt, sonst ...!« Ich denke, das versteht sich von selbst. Im Zusammenhang mit Macht oder ausgeübtem Druck von Leistung zu sprechen, ist sachlich falsch und obendrein brüllend unethisch. Zwang ist nicht Leistung. Das Problem an zwanghafter Leistung jedoch ist: Viele von uns empfinden inzwischen allzu viele Leistungsanforderungen als Zwang.

So beschwert sich der Marketingleiter eines Geräteherstellers bei der Vertriebsleiterin: »Wozu sollen wir jetzt auch noch eine Extra-Kampagne fürs Handwerk konzipieren? Die großen Handwerksbetriebe mit 60, 80 Leuten fühlen sich doch sicher auch von der Industriekampagne angesprochen, so groß sind die Unterschiede wohl nicht. Das ist mal wieder reine Schikane von der Geschäftsleitung!« Worauf die Vertriebsleiterin erwidert: »Wieso Schikane? Eine zielgruppenspezifische Ansprache ist doch immer treffsicherer und persönlicher, als alle zwei Zielgruppen über denselben Kamm zu scheren. Das ist keine Schikane. Dazu zwingt Sie niemand, das ist schlicht sachliche Notwendigkeit.« Aber das will der Marketingleiter nicht hören.

Er betrachtet die vielleicht nicht unbedingt notwendige, so doch absehbar nützliche Leistung als »Zwang« und macht deshalb Dienst nach Vorschrift. Er konzipiert die Kampagne mit angezogener Handbremse, stattet das Projektteam mit zu wenig Personal, Arbeitsmitteln und Budget aus. Das ist seine Art der »Rebellion« gegen den »Zwang von oben«. Die konzeptionelle Arbeit, die bei dieser Rebellion liegen bleibt, übernehmen dann eben die nachgelagerten Abteilungen

Vertrieb und Verkauf. Weil sie wie üblich hinterherräumen, wenn etwas liegen bleibt. Und weil sie in der Extra-Kampagne keinen Zwang erkennen können. Wer sich Zwang ausgesetzt fühlt, verweigert Leistung. Das macht Sinn. Der ist zwar kurzsichtig und individuell, aber für den Verweigerer nichtsdestotrotz Sinn.

SYSTEMANPASSUNG ERGIBT SINN

Es macht durchaus Sinn, Leistung zu verweigern. Nicht nur für Elitisten, sondern tatsächlich auch für Leistungsträger. In vielen Unternehmen, Abteilungen, Projektgruppen, Organisations- oder Verwaltungseinheiten herrscht ein System der Leistungsvermeidung. So hört eine Innendienstleiterin bei einem Unternehmen für gewerbliche Services immer wieder von ihren Vorgesetzten und von Führungskollegen: »Aufträge unter 5 000 Euro nehmen wir nicht an.« Auch nach wiederholtem Nachfragen sagt ihr niemand, warum nicht. Akquiriert sie solche Aufträge trotzdem, muss sie auf Druck von oben und von den Leitungskollegen die Aufträge beim Kunden stornieren lassen, oder es beginnt für sie ein Spießrutenlaufen im eigenen Unternehmen.

Sie lässt Aufträge dieser Größenordnung inoffiziell vom Controlling durchkalkulieren: Der Deckungsbeitrag ist positiv. Das Unternehmen würde damit Gewinn erwirtschaften. Auch die nötige Kapazität ist vorhanden. Über den Flurfunk erfährt sie schließlich, dass die meisten Führungskräfte solche Aufträge als »Bagatellaufträge« betrachten, deren Federn zu klein sind, als dass sich jemand damit schmücken könnte: »Damit ist kein Staat zu machen.« Alle sind nur hinter den großen, prestigeträchtigen Aufträgen her. Umsatz kommt erst an zweiter Stelle. Mit der Zeit haben sich die meisten an diese heimlichen, informellen Spielregeln angepasst. Die Innendienstleiterin rebelliert noch einige Monate, sie ist der Meinung: »Viele kleine Aufträge ergeben einen großen! Und die kleinen sind viel einfacher zu kriegen!« Aber irgendwann ist sie das Spießrutenlaufen leid und verzichtet ebenfalls auf diese Aufträge. Sie hat sich angepasst. Wer will es ihr verdenken? Aus einer von allen Seiten angefeindeten Leistungsträgerin wurde eine angepasste, aber allseits geschätzte Elitistin.

VOM LEISTUNGSVERWEIGERER ZUM ELITISTEN

Aus all diesen guten, eben diskutierten Gründen müssen wir widerwillig und gegen unsere eigene Überzeugung einräumen:

Leistung zu verweigern, macht Sinn.

Leistung zu vermeiden, ergibt Sinn, weil der Vermeider damit, wie oben diskutiert, Aufwand vermeiden kann, genauso wie Angst, Überlastung und gefühlten Zwang, weil er damit gegen ein System rebellieren oder sich damit an das System anpassen kann.

Zwar zieht dies langfristig Konsequenzen nach sich: Die Arbeit bleibt liegen und irgendwer muss sie nacharbeiten oder dafür geradestehen. Doch Sinn macht Leistungsverweigerung – kurzfristig und persönlich – trotzdem.

Müssten Leistungsverweigerer ihre Leistungsverweigerung aufgeben, würde ihnen eine Menge Sinn abhandenkommen. Das erkennen wir an der Heftigkeit der Gegenwehr, die aufkommt, sobald wir sie dazu auffordern, das Nötige zu leisten – wie jener typische und in fast jedem Büro anzutreffende Kollege beweist, dem Sie vorhalten, seinen Kaffeebecher auf der Spülmaschine abgestellt zu haben. Er kommt sofort mit den abstrusesten Ausreden: »Ich dachte, die Maschine sei schon voll!« Warum schaut er nicht rein? Dann muss er nicht *denken*, die Maschine sei voll, dann kann er *sehen*, dass sie es nicht ist. »Ich dachte, die läuft gerade!« Etwa lautlos? Und ohne Anzeige im LED-Feld? Wie geht das denn?

Wenn erwachsene Menschen mit Schulabschluss und gutem Gehalt derartigen Unfug erzählen, ist das so irrational, dass es nur bedeuten kann: Der Sinngewinn ist für den Leistungsverweigerer so wichtig, so überragend, so unverzichtbar, dass er sich nicht einmal zu schade dafür ist, Ausreden zu bemühen, die kein trotziger Siebenjähriger verwenden würde, wenn er mit den Fingern in der Keksdose erwischt wird. Je blödsinniger die Ausrede, desto überlebenswichtiger ist der durch die Ausrede geschützte Sinngewinn für den Leistungsverweigerer.

Manche Leistungsverweigerer bemühen keine Ausrede. Sie gehen zum Angriff über. Und genau an diesem Übergang von der Ausrede zum Angriff liegt auch der Übergang vom »einfachen« Leistungsverweigerer zum Elitisten.

ELITIST AUS NOTWEHR

Wie wird man Elitist? Ist ein Gendefekt daran schuld? Ein Kindheitstrauma? Oder wird man das aus reiner Bösartigkeit?

Weil Angehörige der Pseudo-Elite uns immer dann, wenn sie Arbeit liegen lassen und wir ihre Sauerei aufräumen müssen, mächtig auf den Senkel gehen, tendieren wir in zornigen Momenten zu eher drastischen Erklärungsversuchen. Das ist verständlich, verschließt uns jedoch den Zugang zu einer alternativen Erklärung, die ich sehr erhellend finde: Um seinen Kaffeebecher zu Hause oder im Büro Tag für Tag, Jahr für Jahr *auf*, statt *in* der Spülmaschine zu deponieren, muss man nicht zwingend im zarten Kindesalter schlecht behandelt worden oder Darth Vader sein. Tatsächlich werden viele Menschen nicht wegen eines Kindheitstraumas oder einer Sith-Ausbildung pseudo-elitär. Nein, sie werden sozusagen aus Notwehr zum Elitisten.

Wir sehen das sehr schön, oder besser: sehr unschön, eben an jenem Kollegen, der seinen Becher auf, statt in die Spülmaschine stellt. Stellen wir ihn zur Rede, sagt er nicht: »Schon gut! Hast mich ertappt! Ich stell ihn ja gleich rein und, jaja, das nächste Mal auch. Versprochen.« Würde er das sagen, wäre er kein Elitist, und Bequemlichkeit oder Stressvermeidung wären ihm keine wirklich überragenden Sinnstifter. Er sagt das aber nicht.

Er sagt vielmehr: »Du immer mit deinem Ordnungswahn! Bist du etwa die Kaffeeküchenpolizei? Nun mach dich doch mal locker!« Das darf nicht wahr sein. Da räumt einer seinen Dreck nicht weg und wird danach auch noch frech gegenüber demjenigen, der den Dreck seit Wochen und Monaten für ihn beseitigen muss? Oder, in etwas größeren Dimensionen gedacht: Da leugnet einer die Erderwärmung und macht danach auch noch ehrenrührige Bemerkungen über die Wissenschaftler, die fossile Brennstoffe gerne verbieten würden? Für mich liegt exakt an diesem Punkt der Übergang vom bloßen Leistungsverweigerer zum Elitisten: am Übergang von der bloßen Ausrede zum persönlichen Angriff.

Es ist schon ärgerlich, wenn man das, was zu tun ist, nicht tut: Leistungsverweigerung. Es ist jedoch noch ärgerlicher, wenn man nicht nur nicht tut, was zu tun ist, sondern andere, die tun, was zu tun ist, dafür auch noch angreift, behindert, schmäht, unsachlich kritisiert, runtermacht und ihre Erfolge annektiert. Genau das macht der Elitist. Und er macht es gerne. Warum?

ELITÄRE ARROGANZ

Einer, der seinen Dreck herumliegen lässt und andere dann auch noch angreift oder behindert, ist Elitist. Er gehört zur Pseudo-Elite. Durch seinen Angriff gibt er mir zu verstehen: Ich stelle mich über dich. Man erkennt den Elitisten an dieser Arroganz.

Arroganz kann als eine Art der Aggression verstanden werden. Und aggressiv oder arrogant wird ein Mensch meist dann, wenn er sich angegriffen fühlt. Daraus ergibt sich eine vielleicht überraschende Antwort auf die Frage: Wie wird ein Mensch eigentlich Elitist? Die Antwort lautet: Wenn er sich angegriffen fühlt. Viele verwandeln sich nach diesem Verständnis eben nicht freiwillig, sondern aus Notwehr in Elitisten.

Nehmen wir an, ich stelle den Kaffeebechersünder zur Rede, und er kommt mir nicht mit einer lahmen Ausrede, sondern mit einem persönlichen Angriff. Dann lassen unsere vorausgegangenen Überlegungen zum Sinn der Leistungsverweigerung nur einen Schluss zu: Seine Bequemlichkeit stiftet ihm so viel Sinn, dass er seine leistungsfreie Komfortzone nicht passiv mit einer Ausrede, sondern aggressiv mit einem verbalen Angriff verteidigt. Er greift sein Gegenüber an, er keult, er spottet, er verbreitet Häme. Dass er damit arrogant, unkollegial und elitär wirkt, ist nicht sein primäres Handlungsziel. Er nimmt dies lediglich unreflektiert in Kauf, um sein überragendes Ziel zu erreichen: Verteidigung der Komfortzone um jeden Preis. Um den Preis der Arroganz, der gestörten Beziehung und aller anderen Konsequenzen, die sich daraus ergeben mögen. Er wird arrogant aus Notwehr.

Von außen sehen wir: Wer so großartig tut und so große Töne spuckt – wegen eines Kaffeebechers! – der muss sich doch für was Besseres halten. So scheint es. Doch innerlich verteidigt der Sünder bloß aus Notwehr seine Sinnstiftung. Er ist nicht dazu bereit, diesen für sich erkannten, wichtigen Sinn aufzugeben. Er empfindet die Aufforderung, den Kaffeebecher in die Maschine zu räumen, nicht als sachlich und gerechtfertigt, sondern als unerhörten Angriff auf seinen Lebenssinn – und er greift zur aus seiner Sicht berechtigten Notwehr: Er wird sozusagen aus Notwehr zum Elitisten.

Wenn ich in Diskussionen zum Thema – und die Diskussionen werden meist heftig geführt! – diese Sinnstiftung, diesen Werdegang zum Elitisten erkläre, tobt immer jemand los: »Leistungsverweigerung soll Sinn machen? Sie verteidigen diese Faulpelze auch noch?« Nein, genau das tue ich nicht. Ich verteidige sie nicht, ich versuche, ihre Motive zu erklären. Wenn ich erkennen kann, dass ein auf den ersten Blick widersinniges Verhalten auf den zweiten Blick doch sinnvoll ist, erleichtert das ungemein und entschärft auch in gewissem Maße die Situation. Ich kann dann aufhören, den Elitisten als Feind zu betrachten, der aus reiner Willkür und weil er mir schaden möchte, nicht das leistet, was zu leisten er in der Lage und fähig wäre. Er ist nicht in sinnloser Verweigerung unterwegs. Seine Verweigerung macht – für ihn selbst – Sinn.

WAS DER ELITIST WILL

STATUS ALS LEISTUNGSERSATZ

Die Pseudo-Elite möchte Bequemlichkeit, Angstvermeidung, Stressreduktion, Systemanpassung und Vermeidung von Erwartungsenttäuschung. Es gibt aber noch weitere pseudo-elitäre Sinntreiber. Zum Beispiel: Status. Natürlich streben wir alle nach Status, das ist ein menschliches Grundbedürfnis.

Der Unterschied ist: Leistungsträger wollen mit Leistung ihren Status erreichen und erhöhen. »Schaffste was, dann biste was.« Der Elitist dagegen entkoppelt den Status von Leistung. Manchmal sogar *expressis verbis*. In einem süddeutschen Unternehmen führt ein Geschäftsführer die Geschäfte, indem er diese Geschäfte eben nicht wahrnimmt. Er überlässt sie seinen Mitarbeitern. Die sind damit stellenweise heillos überfordert, allein schon, weil sie gar nicht die formale Kompetenz wie etwa eine Prokura übertragen bekommen haben.

Übersteigt die Überforderung und das daraus resultierende Chaos einen gewissen Schwellenwert, übernimmt der Geschäftsführer dann wenigstens selbst wieder die Geschäfte? Das suggeriert die Leidensdruck-Theorie: Ist das Leiden nur groß genug, werden die Leute vernünftig und krempeln dann doch die Ärmel hoch. Doch der Elitist wird das nicht und tut das nicht. Auch nicht dieser Geschäftsführer. Er macht stattdessen was?

Ja, natürlich: Er ruft den Berater. Der bringt den Laden ein, zwei Monate lang auf Vordermann, und der Geschäftsführer kann sich danach wieder ein, anderthalb Jahre von seinem eigentlichen Geschäft, der Geschäftsführung, absentieren. Hält man ihm das vor – und es sind einige, die das tun, erwidert er:»Wieso? Wer ist denn hier der Chef? Ich bin der Chef, also kann ich den Laden auch so leiten, wie ich will.« Er leitet ihn offensichtlich nicht – weil es ihm viel wichtiger ist,»Chef« zu sein,»Chef« zu spielen. Er will den Status. Die dafür eigentlich nötige Leistung, die ihm unserem Verständnis nach erst das Führen dieses Titels erlauben würde, möchte er nicht erbringen. Das ist typisch für Elitisten: Mehr Schein als Sein. Status ohne Leistung. Status: Ja, bitte! Die für den legitimen Statuserwerb nötige Leistung: Nein danke!

WORK-LIFE-BALANCE ALS LEISTUNGSERSATZ

Status ohne Leistung zu erbringen, ist nicht das Einzige, wonach Elitisten streben. Viele streben auch nach Work-Life-Balance. Eine gute Sache! Man kann und soll sich für den Job nicht kaputtmachen (lassen). Doch wenn Leistungsabwehr und Work-Life-Balance zusammenkommen, ergibt das eine seltsame Mischung. Wir haben das Thema bereits gestreift. Jeder Personalchef kennt es. Er kennt es von Bewerbern für Berufe und Positionen, bei denen praktisch bereits in der Stellenanzeige»Job mit reduziertem Privatleben« verklausuliert drinsteht. Wer dazu nicht bereit ist, bewirbt sich normalerweise eben woanders. Die Pseudo-Elite ist aber nicht normal, wie der folgende Fall aus der Praxis belegt.

Ein Manager bewirbt sich für die Geschäftsführungsposition eines Mittelständlers mit 80 Millionen Euro Umsatz und weist schon im ersten Interview darauf hin, dass er an vier von fünf Arbeitstagen spätestens abends um sechs bei seiner Familie sein möchte. Einer Führungskraft in gehobener Position stehe das schließlich zu. Ich verstehe diesen

Wunsch nur zu gut, der Interviewer versteht ihn ebenso gut, der aktuelle Geschäftsführer versteht ihn – aber das Unternehmen mit seinen 600 Mitarbeitern »versteht« ihn nicht. Denn aus Sicht von Unternehmen und Belegschaft sollten für einen Geschäftsführer natürlich Unternehmen und Arbeitsplätze oberste Priorität genießen und nicht sein persönlicher Feierabend.

Denn wenn ein Geschäftsführer allzu oft allzu früh Feierabend macht, kann es sein, dass für viele seiner Mitarbeiter dann wirklich »Feierabend« ist, weil sie stempeln oder in Kurzarbeit gehen müssen. Ich wollte, die Anforderungen an solche Jobs wären andere, aber das sind sie in der Regel leider nicht. Unternehmen funktionieren einfach besser für alle, wenn gilt: Das Wohl vieler wiegt schwerer als das Wohl eines Einzelnen (und seiner Familie). Wenn man diese Priorität nicht respektiert, sollte man sich nicht auf solche Jobs bewerben. Doch der Elitist tut genau das. Er erwartet mit vehementem Anspruch, dass sich dann der Job eben an den Mann (es ist selten eine Frau) und seine Work-Life-Balance anpassen soll.

Selbst wenn das Unternehmen dann Stellen abbauen muss oder hopsgeht, verweigert die leistungsferne Elite meist noch die Erkenntnis, dass Work-Life-Balance kein wirklich zielführendes Prinzip der Unternehmensführung sein kann. Eben typisch Pseudo-Elite: Sie verausgabt sich nicht am Arbeitsplatz, sondern lieber in der Freizeit und bei der Familie. Oder im Fitnessstudio. Oder bei den Hobbys. Das ist super! Das möchten doch alle! Ich auch! Auch Sie! Bloß: Wer macht dann unsere Arbeit? Niemand. Dann muss ich sie wohl selbst machen. Das ist eine simple Einsicht. Der Elitist tut sich schwer mit dieser Einsicht. Daran ist auch seine Entfremdung schuld.

SLACKERTUM STATT LEISTUNG: VIER ISMEN ALS ERSATZ FÜR EHRLICHE ARBEIT

Es ist ja nicht so, dass uns etwas fehlen würde. Also: uns vielleicht schon, Ihnen und mir. Doch der Pseudo-Elite nicht. Sie vermisst die Arbeit nicht. Sie hat längst Ersatz gefunden, unter anderem:

Materialismus, Eskapismus, Konsumismus, Hedonismus.

Diese elitären vier halten den Elitisten derart auf Trab, dass er schlicht kaum Zeit für harte, über das Allernötigste hinausgehende Arbeit hat, dazu kommt noch der mittlerweile übliche Freizeit- und Statusstress ... Arbeit und Leistung sind heute als Lebensmittelpunkte gänzlich abgemeldet. Wohlgemerkt: als Lebensmittelpunkte. Dass wir, um konsumieren zu können, vorher leisten und arbeiten müssen, dürfte wohl hinreichend klar sein. Mir geht es nicht um diese Trivialität, sondern um den Verlust eines geistigen Lebensmittelpunktes. Ist das überhaupt ein Verlust? Oder sind wir nicht alle besser dran, dass wir heute nicht mehr so viel wie noch unsere Eltern und Großeltern arbeiten müssen? Einzukaufen ist doch viel angenehmer, als zu arbeiten! Ja? Diskutieren wir das, in verschärfter Form, kurz und ironisch:

Der trendige Materialismus sorgt dafür, dass viele Menschen schon zufrieden mit dem Leben, der Welt und sich sind, wenn sie das neueste Handy-Modell, Markenklamotten und das jeweils angesagte Spielzeug haben. Der praktizierende Materialist muss, vereinfacht gesprochen, überhaupt nichts Herausragendes oder Überdurchschnittliches leisten, solange er sich jenes Materielle kaufen kann, was er sich kaufen möchte. Er leistet nicht, um zu leisten, sondern um sich materiell zu versorgen. Der Konsumismus unterstützt ihn mit dem passenden geistigen Überbau in seinem Materialismus, indem er ihm die passende Identität suggeriert:»Ich shoppe (online), also bin ich!« Natürlich vorwiegend Dinge, die niemand wirklich braucht, die reiner Luxus sind und im weitläufigen Sinne der Lustbefriedigung dienen – was uns zum Hedonismus bringt. Und alle drei Ismen braucht der Elitist dann letztendlich, um der Erkenntnis zu entfliehen (Eskapismus), dass er in Beruf, Familie und Leben nicht mehr wirklich viel stemmt, erreicht, bewegt, leistet, verändert. Gewiss: Das mit den vier Ismen ist ein wenig überzeichnet.

Doch es führt uns zu jener inneren Leere, die Menschen jeden Alters dann erfasst, wenn sie eben nur noch konsumieren und kaum mehr etwas Wesentliches selbst produzieren, schaffen, anstoßen, bewirken. Die meisten denken, nein, fühlen dann spontan: Ich muss noch mehr konsumieren! Anstatt zu der Erkenntnis zu gelangen: Nur wer schafft, schläft abends zufrieden ein.

Der Mensch ist nicht zum Slackertum, zum Müßiggang geschaffen. Er hat alle Anlagen für ein produktives, leistungsstarkes Leben, Wirken und Schaffen mitbekommen. Wenn er diese Anlagen im Leerlauf verkümmern lässt, während er bis zur Besinnungslosigkeit konsumiert und vor den meisten echten Herausforderungen flieht, entgeht ihm nicht nur die sehnsüchtig erwartete Zufriedenheit und Ausgeglichenheit, er macht sich auch langfristig unglücklich damit. Weil Konsum noch nie die innere Leere füllen konnte, die nur Wirken und Schaffen füllen kann. Außerdem bleibt die Arbeit liegen, wenn wir uns dusselig konsumieren.

MANCHE WOLLEN CEO WERDEN. ANDERE START-UP-HEDONISTEN

Jedes Mal, wenn ich mich darüber aufrege, dass wir in Zeiten des pseudo-elitären Slackertums leben, wendet jemand ein: »Aber der Start-up-Boom! Da geht was! Der Boom zeigt doch, dass nur die etablierten Strukturen des alten Establishments nichts mehr reißen. Start-ups sind der beste Beweis dafür, dass die Leistungskultur eine Renaissance erlebt!« Doch das täuscht.

Der Tagesspiegel zum Beispiel titelte bereits vor einigen Jahren »Bei Start-ups ist Erfolg die Ausnahme.«[8] Wenn ich mit Beratern und sogenannten Matchmakern rede (Beratern, die Kooperationen, »Matches« zwischen etablierten Firmen und Start-ups vermitteln), dann rangiert die Flopquote sowohl von Kooperationen wie auch von Solo-Start-ups zwischen 60 und 90 Prozent. Das ist ernüchternd, jedoch charakteristisches Merkmal der Start-up-Kultur. Das Scheitern gehört inhärent zum Risiko oder sogar Wesen eines Start-ups. Es geht bei jedem Start-up auch um Mut und Risikobereitschaft; darum, Dinge direkt am Markt auszuprobieren und unmittelbares Kundenfeedback aufzuschnappen. Falls das scheitert, ist die Fallhöhe überschaubar. Viele Start-up-Gründer haben deswegen auch mehrere Projekte am Laufen und machen mutig weiter, auch nach wiederholtem Scheitern. Es geht eben nicht um den Status »Ich bin ein Gründer« und das schnelle Geld.

Wenn es einen Unternehmenstypus gibt, der Leistungsvermeidung umgehend bestraft, dann ist es das Start-up. Will ein Start-up reüssieren, müssen wirklich sämtliche Beteiligten 24/7 Höchstleistung bringen. Im Start-up kann sich keine(r) eben mal zurücklehnen – weil im Gegensatz zu etablierten Unternehmen mit guter Personalausstattung niemand da ist, der die liegen gebliebene Arbeit übernimmt. Start-ups sind ein tolles Beispiel für ein Geschäftsumfeld, in dem nur Leistungsträger bestehen können. Der Slogan lautet:»Deutschland und die Welt brauchen mehr Start-ups!« Leider werden vom Start-up-Hype auch viele Elitisten angelockt. Denn was medial und auf dem Flurfunk von Konzernen über Start-ups erzählt wird, suggeriert oft, dass man mit einem Start-up schnell zu Reichtum kommen und ganz nebenbei noch zu einer Art Popstar der Businesswelt werden kann. Dieser Mythos lockt Elitisten an, die mit der üblichen Schonhaltung schnell an Geld und Status kommen wollen – und dann eben vom Markt bestraft werden.

Da gründet zum Beispiel eine enthusiastische BWL-Masterabsolventin ihr erstes eigenes Start-up: Enthusiasmus ist gut! Gründung ist gut! Start-up ist gut! Ihr Vater ist Oldtimer-Fan und -sammler – sein ältestes Modell ist ein perfekt erhaltenes MGB-Cabrio, Baujahr 1973. Bei Ausfahrten im Autokorso der Liebhaber entdeckt sie, dass die Beschaffung von günstigen Ersatzteilen nicht immer ganz einfach ist: Tada! Blitzlicht! Business-Idee! Sie hat BWL studiert, sie hat ihren Master, sie ist ein Digital Native, also ein Kind des Digitalen – daher gründet sie eine regionale Internetplattform für Oldtimer-Ersatzteile im Umkreis von 100 Kilometern. Na bitte. Haben Sie den Denkfehler erkannt?

Man muss nicht BWL studiert haben, um darauf zu kommen: Es gibt, wie in jeder Branche, schon längst Bezugsquellen und Händler. Händler, die schon seit Jahren aktiv und renommiert sind. Wie will ein Newcomer dagegen anstinken? Es besteht im Markt schlicht kein Bedarf für »noch einen Händler«:»No Market Need« heißt der Fachausdruck. Das sollte sie eigentlich wissen, wenn sie BWL studiert hat. Aber nein, weiß sie nicht, oder sie hat es vergessen, weil pseudo-elitäre Arroganz zu selektiver Amnesie führt: »Aber wir können das doch viel besser!«, sagt die Gründerin. Warum? Nicht, weil sie es tatsächlich besser könnte, sondern weil sie so begeistert ist von ihrer Idee, von der Selbstständigkeit und natürlich von den verlockend winkenden Millionen. So begeistert, dass sie eine fundierte Markt-, Bedarfs- und Konkurrenzanalyse nie gemacht hat. Das wäre aber nötig gewesen. Vor jeder Gründung – egal ob digital oder analog, ob Firma oder Start-up. Das, was nötig ist, nennt man auch Leistung. Diese Gründerin erbringt sie nicht. Sie denkt, nein fühlt, wie viele Elitisten: Enthusiasmus ist Ersatz für Leistung!

Das fühlt sie, obwohl sie BWL studiert hat. Aber wenn man so geniale Ideen hat, braucht man keine fundierte Analyse. Dachte und fühlte sie. Das ist das Grund- und Existenzgefühl der Pseudo-Elite: »Wir haben das nicht nötig!« Und das passende Credo dazu: »Wir können es besser, wir machen es besser, wir sind überhaupt besser; auch ohne jede Erfahrung. Analysen sind was für andere! Für die, die nicht so gut sind wie wir!« Die Pseudo-Elite ist arrogant, sie ist leichtsinnig, und sie schadet. Meist anderen.

Denn das Geld fürs Start-up hat ihr der Herr Papa vorgeschossen. Er sieht es nie wieder. Auch das ist typisch für das Elitisten-Phänomen: Den Schaden haben meist andere. Deshalb ist es ja auch so attraktiv, Elitist zu sein: Man wird selten zur Rechenschaft gezogen, muss selten selbst die Suppe auslöffeln, die man anderen eingebrockt hat, muss lediglich ausnahmsweise die Konsequenzen des eigenen Handelns tragen.

ELVIS HAS LEFT THE BUILDING: LEISTUNG IST NICHT MEHR SINN DES LEBENS

Auch Briefmarkensammeln oder Rosenzüchten kann dem Leben einen Sinn geben. Kein Lebenssinn ist »besser« als der andere. Nur: Wir alle verlieren, wenn Leistung immer seltener zum Lebenssinn wird. Die Gesellschaft verliert, weil die zur Lösung von drängenden Problemen anstehenden Aufgaben immer weniger erledigt werden. Familien verlieren, weil Harmonie und Zusammenhalt Leistung erfordern, die immer seltener erbracht wird. Und selbst die hedonistische Pseudo-Elite verliert, weil sie vom Pseudo-Sinn betrogen wird: Was nützt dem Elitisten die Begeisterung für die tollsten Ideen, Projekte und Start-ups, wenn er nicht die nötige Leistung, Zeit und Energie investiert, um diese tollen Ideen, Projekte und Start-ups dahin zu führen, dass sie auch funktionieren? Da ist der Sinn schnell dahin (es sei denn, man leidet unter vollständigem Realitätsverlust). Das klingt nun sehr philosophisch, doch die Implikationen sind sehr pragmatisch.

Betrachten wir die Familie einer Ingenieurin, die nach dem Studium zu einem großen deutschen Maschinen- und Fahrzeugbaukonzern geht. Sie ist gut, sie ist ehrgeizig (nein, für mich ist das kein Schimpfwort), und weil sie beides ist, steigt sie schnell auf. Nebenher promoviert sie. »Nebenher promovieren«, das liest sich so leicht. Doch wer neben dem Beruf promoviert, ist härter im Nehmen als Tom Cruise in *Mission Impossible*. Die Ingenieurin, nennen wir sie Stella, wird jüngste Abteilungsleiterin in der Geschichte ihres Konzernbereichs. Respekt. Ihr Mann, ein angesehener Arzt, schmeißt eine Riesenparty zur Beförderung. Ende des ersten Aktes.

Beginn des zweiten: Stella fällt nun auch dem Vorstand auf und soll ins Management Development aufgenommen werden. Nein, nicht wegen der verdammten Frauenquote (die eben nicht Leistung belohnt, sondern ein zweites X-Chromosom), sie kommt ins Programm für höhere Positionen wegen ihrer herausragenden Leistung. Teil des Entwicklungsprogramms für angehende Führungskräfte von Ebene 0 und Ebene 1 ist ein zweijähriger Aufenthalt in einem der Tochterwerke in Asien. Stella will das, hat sie von Anfang an gewollt, hat sie von Anfang an gesagt. Schon im Studium: »Ich möchte einmal im Vorstand eines großen internationalen Konzerns tätig sein!« Ja, ich weiß, das klingt wirklich sehr ehrgeizig – aber wer sind wir, dass wir einer jungen Frau ihre Ambitionen aus-, kleinreden oder abwerten wollen? Stella wollte das immer schon.

Auch ihr Partner, der Arzt, wusste das von Tag eins an. Da war er noch voll einverstanden. Jetzt auf einmal nicht mehr. Er will nicht mit nach Asien. Zwar hat er noch keine eigene Arztpraxis, doch er will nicht mit. Stella kommt zu ihrer Doktormutter und heult sich aus. Der Personalvorstand ihres Konzerns beschwichtigt: »Kennen wir. Viele Partner machen da nicht mit. Deshalb fliegen Sie jedes zweite Wochenende nach Hause. Freitag hin, Montag zurück, auf Kosten des Hauses.« Ihr Arzt-Partner könnte in der Heimat bleiben und sich alle zwei Wochen auf Stella freuen. Das möchte er aber ebenfalls nicht. Nach sechs Jahren Partnerschaft. Er kündigt dieselbe auf.

Von Anfang an war klar, dass Stella nach oben, ganz an die Spitze möchte. Sie dachte, auch ihm sei das klar gewesen. Schließlich hatten sie lange darüber geredet. Doch anstatt nun die zwei Jahre gemeinsam durchzustehen und auf das ehemals gemeinsame Ziel »Stella wird Vorständin« hinzuarbeiten, kündigt der Partner die Beziehung auf. Nein, nicht weil er zu Beginn der Beziehung über seine wahren Absichten gelogen hätte. Sondern weil sein Bekenntnis zu Stellas Ziel am Anfang der Beziehung ein reines Lippenbekenntnis war. Jetzt, wo es ernst wird, kneift er. Er sagt:»Ich will das nicht mehr. Das ist mir zu viel Aufwand. Ich will keine zwei Jahre warten. Ich will eine vollständige Partnerin, jetzt, sofort, ohne Einschränkungen.« Da ist er wieder, die für die Pseudo-Elite typische Diskrepanz zwischen Anspruch und eigener Leistung. Er hat noch denselben Anspruch wie damals, aber die Leistung will er nicht mehr erbringen. Das ist legitim und menschlich – und kindisch. Fünfjährige stampfen mit dem Fuß auf und wollen alles, jetzt, sofort. Wenn Erwachsene nach sechs Jahren Beziehung trotzig mit dem Füßchen aufstampfen, dann ist das eher schon eine Altersregression – aber leider ein durchaus häufiges Beziehungsphänomen.

Manche Menschen wollen etwas werden: Abteilungsleiter, Bauleiter, Werksleiter, Geschäftsführer, Vorstand. Das impliziert, dass man über Jahre und Jahrzehnte hinweg praktisch auf Vorschuss Leistungen erbringt, um später die Früchte zu ernten. Über Jahre und Jahrzehnte hinweg ohne konkrete Gegenleistung leisten? Dem Elitisten ist das zu viel Aufwand. Er denkt an das leistungsarme Hier und Jetzt: Hier und heute kann man auch ohne diese Vorleistungen Spaß haben. Und eine Beziehung.

Wer so denkt, will nicht in die Zukunft investieren (Investition ist Leistung). Er will die Zukunft lieber jetzt. Sofort. Und vollumfänglich. Er zieht den gegenwärtigen kleineren Lustgewinn einer besseren Zukunft vor. Zukunftskompetent ist das nicht. Den modrigen Odem des Pseudo-Elitären erhält die Episode dann noch durch die Erklärungsversuche des Ex-Partners und Arztes, der im Bekanntenkreis herumerzählt:»Sie ist mir einfach zu umtriebig, zu ehrgeizig, zu leistungsorientiert.« Seit wann sind das drei Untugenden?

Oder Trennungsgründe? Schade nur, dass Stella ihn ernst nimmt.

Sie schickt den Leistungsverweigerer – zunächst – nicht mit Handkuss in die Wüste. Sie macht sich Vorwürfe, hadert. Doch warum macht sie sich Vorwürfe, wenn sie es im Leben zu etwas bringen möchte? Das ist doch nichts Illegales. Eigentlich müsste sich ihr Ex-Partner Vorwürfe machen. Aber nein, Stella macht sie sich, weil sie die Elitisten-Propaganda voll verinnerlicht hat: »Vielleicht bin ich wirklich zu zielstrebig? Vor allem als Frau? Vielleicht sollte ich wegen der Beziehung beruflich zurückstecken?« Manchmal frage ich mich, ob die Emanzipation jemals stattgefunden hat. Nach einigen Wochen hat Stella sich glücklicherweise wieder gefangen. Sie schreibt den Ex-Partner als Totalverlust ab, wirft ihn aus der gemeinsamen Wohnung und leitet inzwischen das asiatische Tochterwerk ihres Arbeitgebers.

DER DEFINITIVE LEISTUNGSCHECK: LEBEN SIE NOCH ODER LEISTEN SIE SCHON?

Wir haben uns ausgiebig mit dem Lebenssinn der Elitisten beschäftigt. Das zieht einen ganz schön runter, oder? Natürlich nicht, wenn man selbst zur Pseudo-Elite gehört. Wer das nicht tut, regt sich ohnehin täglich mehrfach über die vielen Leistungsverhinderer, -verdränger, Leistungsindolenten und Leistungsvermeider auf – und da steigen wir so tief in deren regressive Gedanken- und Sinnwelt ein? Wir sollten uns zum Ausgleich nicht nur mit deren, sondern mit unserem eigenen Lebenssinn beschäftigen.

Außerdem: Wenn ich mit Leistungsindolenten rede – und das ist tagein, tagaus nicht zu vermeiden – erlebe ich erstaunlicherweise relativ und überraschend häufig, dass diese sich für unsere Welt, für den Sinn von Leistung interessieren wie für ein fernes, exotisches Land, von dem man schon mal gehört hat, aber das man nicht wirklich kennt. Weil es einem noch nie jemand gezeigt hat: Leistung – wo liegt das?

Deshalb lohnt es sich, unseren eigenen Sinn des Lebens in Augenschein zu nehmen. Warum tun wir, was wir tun? Warum leisten wir? Oft mehr, als üblich oder nötig ist? Ich frage das oft und gerne Leistungsträger aus Wirtschaft, Politik, Gesellschaft, Vereinen und Familie. Hier sind einige der eindrücklichsten Antworten, wieder als Checkliste: Leben Sie noch, oder leisten Sie schon? Machen Sie Ihre Kreuzchen, mit Stift oder in Gedanken:

- »Ich liebe es, wenn alles schnurrt und läuft und produziert!«
- »Ich kann Arbeit nicht rumliegen sehen – ich muss da mit anpacken.«
- »Wird ja nicht besser davon, dass ich meine Hände in die Hostentasche stecke.«
- »Einfach geil, wenn man sieht: Das haben wir geschafft! Wir!«
- »Keine neuen Klamotten, kein neues Tablet, kein neues Auto macht mich so stolz, wie wenn ich mir am Ende eines Tages sagen kann: Das und das und das hast du gut gemacht!«
- »Die Dinge, die wir besitzen, machen nicht halb so glücklich und zufrieden wie die Dinge, die wir schaffen, machen, erreichen.«
- »Mein Motto ist: Whatever it takes. Alles, was nötig ist, um das zu erreichen, was man erreichen möchte. Nicht mehr. Aber sicher nicht weniger.«

- »Ich habe keine Angst davor zu versagen. Ich habe Angst, es eines Tages nicht mehr zu versuchen.«
- »Wenn ich abends von der Arbeit gehe, weiß ich, nein, fühle ich: Ich habe auch heute alles getan, was ich konnte. Geiles Gefühl. Ich kenne kein besseres.«
- »Leistung ist der stärkste Booster fürs Selbstwertgefühl. Du bist, was du tust.«
- »Wenn du nicht voll aus dir rausgehst, wie willst du dann jemals spüren, was in dir steckt?«
- »Wenn du immer nur das tust, was du schon kannst, dann bleibst du stehen, dann entwickelst du dich nicht mehr.«

Ein Leben nach diesen Maximen macht Sinn. Leistung macht Sinn. Sein macht mehr Sinn als Haben. Leisten macht mehr Sinn als Chillen. Sich seinen eigenen Aufgaben und den Herausforderungen der Zeit zu stellen, ergibt Sinn. Genau das macht der Elitist nicht.

Er versagt angesichts der drängenden Herausforderungen dieser Tage und der nahen Zukunft – und leidet nicht einmal sonderlich darunter. Nein, er macht sich ein schönes Leben, denn er vermeidet viele Leistungen, Anstrengungen und Mühen. Deshalb ergibt für ihn auch Leistungsvermeidung Sinn. Für ihn. Nicht für die Menschen in seinem Umfeld, die jene Aufgaben übernehmen müssen, die er liegen lässt. Es ergibt auch keinen Sinn fürs große Ganze, das darunter leidet, dass eben nicht alle gleichermaßen und nach ihren Fähigkeiten zum Gemeinwohl beitragen. An diesem Punkt versagt die Pseudo-Elite. Und dieses Versagen bedroht uns alle.

>Der Irrsinn ist bei Einzelnen etwas
Seltenes – aber bei Gruppen, Parteien,
Völkern, Zeiten die Regel.«
Friedrich Nietzsche

4 WIR VERSAGER: WER TUT, WAS GETAN WERDEN MUSS?

STELL DIR VOR, ES GIBT ARBEIT – UND KEINER PACKT SIE AN

Es ärgert mich, wenn Menschen nicht tun, was getan werden muss. Wenn sie sich bei der Arbeit, im Hörsaal, in der Schule, in der Familie, im Verein oder in der Gemeinde schonen. Ich ärgere mich darüber – und bekomme deshalb oft selbst Ärger, wenn mir empörte Zeitgenossen vorwerfen: »Aber das ist doch jedermanns Privatsache, wo er sich engagiert und wo nicht!« Das stimmt natürlich.

Den einen macht eben die Schonhaltung im Beruf glücklich, weil er sich lieber nach Feierabend, beim Ausüben seines Hobbys oder in der Familie austobt. Die andere findet ihre Bestimmung im kernigen beruflichen Leistungsethos und erholt sich eher in der Familie und bei den Hobbys. Der Dritte powert sich in Beruf, Familie, Ehrenamt und sämtlichen anderen Bereichen und Belangen gleichermaßen aus. An keinem dieser und aller anderen Lebensentwürfe kann und darf ich etwas aussetzen – aus der Perspektive des fundamentalen Rechts auf Selbstbestimmung: Jeder Mensch hat das Recht auf Selbstverwirklichung. Dieses Recht ist unveräußerlich.

Es ist unveräußerlich – es ist nicht un*begrenzt*. Das Recht eines Menschen auf Selbstverwirklichung stößt dann an eine Grenze, wenn andere seinen Dreck wegräumen müssen, den er beim Selbstverwirklichen hinterlassen hat. Das ist sozusagen die Gerechtigkeitsgrenze der Selbstentfaltung: Ein Mensch darf die Kosten und externen Effekte seiner Selbstverwirklichung nicht anderen Menschen aufbürden! Das geht nicht. Das ist unanständig und torpediert den Zusammenhalt und das Zusammenleben in Familie, Verein, Abteilung, Firma, Gesellschaft. Seinen Müll anderen aufzubürden, ist schlicht nicht in Ordnung. Aber dieser Müll ist heute überall.

Zum Beispiel in Gestalt des mehrfach erwähnten, symptomatischen schmutzigen Kaffeebechers, der mit Kaffee-Patina und Lippenstift am Becherrand irgendwo im Weg herumsteht und förmlich »darauf wartet«, von jemandem wie mir in die Spülmaschine geräumt zu werden. Das ist nicht meine Aufgabe! Soll die pflichtvergessene Kollegin ihn doch selbst wegräumen. Tut sie aber nicht. Sie sagt: »Das mache ich später!« Das tat sie bislang selten bis nie. Denn »später« hat's schon jemand anderes weggeräumt. »Ja dann soll der oder die das bleiben lassen und den Becher einfach stehen lassen!«, höre ich oft. Danach eskaliert das Gespräch meist in eine bestimmte Richtung:

»Wenn das alle stehen lassen, versinkt das Büro irgendwann in schmutzigem Geschirr und Abfall!«

»Das ist doch Unfug! Das hat es doch noch nie!«

»Eben! Weil immer jemand wie ich den Dreck wegräumt, bevor wir daran ersticken!«

Aus diesem Grund, wegen dieser vorhersehbaren Gesprächsentgleisung ist der Kaffeebecher zwar symptomatisch und ein (un)schönes Symbol für die Hinterlassenschaften jener, die nicht ihre Arbeit machen. Aber er verkauft das Problem deutlich unter Wert. Es bleiben ja nicht nur Kaffeebecher liegen.

DER NORMALE WAHNSINN

Das Nötige nicht zu tun, ist mittlerweile so häufig geworden, dass viele »häufig« mit »normal« verwechseln. Mitten in unserer angeblichen Leistungsgesellschaft gilt: Zentrale und nötige Leistungen werden vermieden, verdrängt, verleugnet. Aufgaben, die sich allen stellen, werden einer Minderheit überlassen.

Arbeiten, die getan werden müssen, werden noch nicht einmal aktiv und mit Vorsatz an Dritte delegiert. Sie werden vielmehr schlicht, passiv und grob fahrlässig so lange liegen gelassen, bis sie schimmeln, zu Staub zerfallen, zu Krisen anwachsen oder (hoffentlich, endlich, zähneknirschend) von jemand anderem erledigt werden – oder eben nicht.

Immer dann, wenn eine Aufgabe von allen angepackt werden müsste, packen eben nicht alle an. Es packen die Wenigen an, während die Vielen es den Wenigen überlassen. Leider ist das inzwischen in allen gesellschaftlichen Bereichen so:

1. Einer macht die Arbeit, neun schauen nicht mal zu.
2. Keinen regt das auf.

Oft regen sich noch nicht einmal die Ausgenutzten auf: »Das ist halt so. Kann man nicht ändern. Irgendwer muss die Arbeit doch machen! Dann eben ich.« Keiner muckt mehr auf.

Es ist schon selbstverständlich geworden, dass man das, was gemacht werden muss, nicht mehr macht und auch nicht darüber redet. Leistungsvermeidung ist – genauso wie Leistung selbst – ein Tabuthema, der Elefant im Raum, über den keiner spricht. Warum nicht?

DER ELEFANT IM WOHNZIMMER

Warum reden wir so gut wie nie über den Elefanten? Warum weist so selten jemand den Kollegen zurecht, der es sich auf Kosten anderer bequem macht? Weil viele, die das noch stört, lieber den Mund halten. Sie fürchten das Echo.

Wer chronisch und notorisch Arbeit vermeidet, hat immer mindestens eine Ausrede parat, die meist einem gängigen Muster folgt: »Nicht mein Job, nicht meine Aufgabe, nicht meine Verantwortung. Kann ich nicht, will ich nicht, weiß ich nicht, hab' ich noch nie gemacht. Soll sich jemand anderes darum kümmern.« Ausreden dieser Art kommen so sicher wie das Amen in der Kirche. Weil sie so sicher kommen, erahnen sie viele von uns bereits im Voraus. Und resignieren. Weil es anscheinend sinnlos ist, den Mund aufzumachen: »Mit so jemandem kann man nicht vernünftig reden.«

Was wir »eigentlich« erwarten, ist ein Einlenken: »Du hast ja recht, entschuldige, ich räume das weg.« Manchmal hören wir das auch. Das ist nicht das Problem. Das Problem sind die Fälle, in denen wir es eben nicht hören, sondern eine weitere Ausrede. Und es sind nicht bloß die Ausreden, die uns verstummen lassen, sondern das, wofür sie stehen:

Uneinsichtigkeit. Der Arbeitsvermeider hat immer Recht. Oder wie ein Psychotherapeut flachste: »Du kannst einem, der sich für Jesus hält, nicht ausreden, dass er Jesus ist. Wenn du ihn aufforderst, übers Wasser zu laufen, hat er gerade keine Lust. Wenn er dein Vesperbrot vermehren soll, lehnt er das mit der Begründung ab: Du sollst Gott nicht versuchen! Egal, was du auch sagst: Er hat immer recht. Er ist Jesus. Deshalb nennt man das ›Wahnvorstellung‹. Jede Diskussion ist sinnlos.« Weil wir diese Sinnlosigkeit in fruchtlosen Diskursen mit Arbeitsvermeidern schon so oft erlebt haben, wollen wir uns das nicht nochmal, schon wieder, immer wieder antun. Also halten wir die Klappe und weisen den Kollegen nicht auf seine Versäumnisse hin. Ist das feige?

Mag sein, aber es ist verständlich. Vor allem, da wir wissen: Viele Elitisten belassen es nicht bei den Ausreden. Kommen sie mit Ausreden nicht mehr weiter, blasen sie zur Attacke. Der Elefant im Raum kann ganz schön nachtreten. Und wo der Elefant hintritt, wächst kein Gras mehr.

ATTACKEN DER ARBEITSVERMEIDER

Wir alle wissen aus leidvoller Erfahrung, dass es wenig bringt, notorische Arbeitsvermeider auf ihre Arbeitsvermeidung anzusprechen. Vor allem wissen und fürchten wir, wie schnell manche Elitisten eskalieren, wie sie persönlich, verletzend oder übergriffig werden.

Es braucht wenig, um Arbeitsvermeider auf 180 zu bringen. Abteilung X hat zum Beispiel zum wiederholten Male ihr Arbeitspaket für ein Projekt zu spät abgegeben. Der Projektleiter kann sich die Bemerkung nicht verkneifen: »Leute, das Team wartet seit zwei Tagen auf euch!« Das reicht bereits. Schon legt der mehrfach zu spät abliefernde Kollege los:»Da hört doch alles auf! Wir haben das schwierigste Arbeitspaket (ist es nicht) und den größten Druck in der Abteilung (stimmt nicht) und schneiden uns trotzdem die nötige Zeit raus (eben nicht), und was kriegen wir dafür? Statt einem Dankeschön auch noch Vorhaltungen und unberechtigte Kritik (sie ist berechtigt, weil die Verspätung entgegen der stehenden Absprache noch nicht einmal rechtzeitig angekündigt wurde). Macht doch euren Mist künftig alleine!« Natürlich ist die Rechtfertigung völlig haltlos, ohne jeden sachlichen Hintergrund, dafür ist der Angriff um so heftiger.

Kein Wunder, dass jene, die tun, was getan werden muss, wenig Lust haben, sich Ausreden anzuhören oder persönliche Attacken über sich ergehen zu lassen. Viele haben die Pseudo-Elite einfach abgeschrieben. Sie reden nicht mehr mit ihr:»Es kommt ja doch nichts dabei heraus!« Sie wollen sich nicht mehr mit ihr abgeben, nicht ihre Zeit mit ihr verlieren, sich nicht mehr aufregen, sich lieber auf das konzentrieren, was getan werden muss. Das macht deutlich mehr (leistungsorientierten) Sinn, Spaß und bringt mehr Erfolg. Das ist verständlich. Es hat bloß einen Haken: Es ändert nichts.

LEHRE DIE UNBELEHRBAREN!

Es ist menschlich und verständlich, wenn jemand sich nicht ständig Ausreden und persönliche Attacken anhören mag. Aber nichts zu tun verändert nichts.

»Es bringt nichts, mit solchen Leuten vernünftig zu reden!«, höre ich oft klagen. Das mag sein, aber Schweigen bringt noch weniger. Es zementiert den Status Quo der Leistungsvermeidung. Es signalisiert den Elitisten: Ihr kommt damit durch. Es ist in Ordnung so.

Das ist es natürlich nicht. Und das kann, nein, das sollte, das muss man auch zur Sprache bringen. Sonst wird das Ausmaß der Leistungsvermeidung immer größer. Leistungsunlust nimmt oft einen progressiven Verlauf: Wer seine Arbeitspakete wiederholt zwei Tage zu spät abliefert und nicht zur Rede gestellt wird, überzieht irgendwann drei, vier Tage. Hört die Person daraufhin immer noch nichts, nimmt sie deshalb auch die technischen Spezifikationen nicht mehr so genau und überzieht dann am Ende auch noch bei den Kosten. Weil sie gelernt hat: Niemand sagt etwas, und Konsequenzen zieht mein Verhalten auch nicht nach sich. Wenn Vorgesetzte keine Konsequenzen ziehen und regulierend eingreifen, wächst sich das Problem zum größeren Problem aus. Sei es, weil sie auch nicht alles sehen (können). Sei es, weil sie selbst Elitisten sind und es nicht so genau nehmen. Oder sei es, weil sie »kollegial« führen und »empowern« möchten und das Falsche damit meinen. Sie delegieren Führungsaufgaben, die nicht zu delegieren sind, nach dem Motto: »Regelt das gefälligst unter euch!« Wenn ich so einen Chef habe, bin ich auf mich allein gestellt. Allein gegen die Pseudo-Elite.

Natürlich ist das ein Dilemma: Mache ich den Elitisten auf seine Leistungsvermeidung aufmerksam, ernte ich nervtötende Ausreden, böse Widerworte und persönliche Angriffe. Sage ich nichts, mache ich mich der Komplizenschaft schuldig, zementiere den Missstand und halte mich selbst weiter in der Opferrolle (wenn ich ihm hinterherräumen muss). Der Ausweg aus dem Dilemma liegt in der Art und Weise, wie man anspricht, was angesprochen werden muss: deeskalierend, vorwurfsfrei, betont diplomatisch.

Wie wir alle schon bemerkt haben, reagieren Arbeitsvermeider oft empfindlich auf Äußerungen zu ihrem Verhalten. Ein »Na endlich!«bei einem verspätet abgelieferten Arbeitspaket reicht gelegentlich schon, um einen wenig leistungsbegeisterten Kollegen auf die Palme zu treiben, von wo aus er dann wüste Beschimpfungen ausstößt. Meiner Erfahrung nach ist es besser, zwar so offen wie nötig, aber so vorwurfsfrei wie möglich zu formulieren. Zum Beispiel: »Danke für Ihr Arbeitspaket. Bitte versuchen Sie, beim nächsten Mal den Termin zu halten.« Danke? Bitte? Angesichts des gravierenden Versäumnisses des Kollegen scheint das übertrieben höflich. Trotzdem flippen viele Angesprochene danach aus – was nachvollziehbar ist: Das schlechte Gewissen motiviert nicht zur Einsicht, sondern zur Gegenwehr. Diese Gegenwehr müssen Sie sich nicht anhören. Ich jedenfalls tue es meist nicht.

Man kann und darf jemanden in solchen Situationen unterbrechen, zum Beispiel so: »Ich weiß, sie hatten ihre guten Gründe. Ich möchte ihnen nur sagen, dass es aus meiner Sicht nicht in Ordnung ist.« Denn der Elitist glaubt unbewusst: »Was ich tue, ist in Ordnung – ich konnte ja nicht anders!« Und mit jeder unwidersprochenen Arbeitsvermeidung lehren wir ihn gegen unsere eigenen Absichten: Da niemand etwas einzuwenden hat, muss es ja in Ordnung sein!

Wer leistet, steht quasi in der Pflicht, auch das zu leisten: Lehre die Unbelehrbaren. Nicht von oben herab oder mit einer (berechtigten) Stinkwut. Sondern vorwurfsfrei und sachlich, aber beharrlich und geduldig. »Say it 'till your tongue bleeds!«, empfiehlt eine amerikanische Kollegin. Weise darauf hin, bis dir die Zunge blutet. Und selbst wenn wiederholte Hinweise auf Versäumnisse eines Arbeitsvermeiders dessen Verhalten nicht verbessern: Nichts zu sagen, macht es ganz sicher schlimmer. Außerdem ist die »Bekehrungs-rate« gar nicht so schlecht: Immer wieder lassen sich Arbeitsvermeider bekehren. Wie das, wo es doch so bequem wäre, bequem zu bleiben?

WANN DER ELEFANT SICH BEWEGT

Es gibt eine Menge Gründe dafür, warum scheinbar Unbelehrbare sich dann doch belehren lassen. Der trivialste ist: Unkenntnis.

Vier von acht Key-Account-Managern in einem Industriebetrieb machen mit wichtigen Kunden einen sogenannten »Future Readiness Check«. Der Check testet die Zukunftskompetenz von Unternehmen, dauert 20 Minuten und bringt natürlich keinen unmittelbaren Umsatz, sprich Auftrag. Vier Manager machen den Test, vier machen ihn nicht. Die einen vier halten die anderen vier für »faul, passiv – kennt man ja: immer nur das Nötigste machen, keinen Deut mehr!« Das trifft auf zwei Kollegen zu: Elitisten. Auf die anderen beiden nicht: Da der Test nicht von der eigenen Fachabteilung, sondern von der Stabsstelle »Zukunftskompetenz« kam, ging er in der Kommunikation zwischen Stab und Fachabteilung bei diesen beiden Kollegen irgendwie unter. Seit die vier Kollegen sie auf die Existenz des Tests aufmerksam gemacht haben, bieten sie ihn nun ebenfalls ihren Kunden an – die anderen beiden immer noch nicht. Die bemühen immer noch Ausreden.

Ein starkes Motiv für das Einlenken von wirklichen Elitisten ist Ermüdung. Steter Tropfen höhlt den Stein. Die Frage »Muss ich dir denn alles erst hundertmal sagen?« wird zwar häufig rhetorisch gebraucht, ist aber auch ein didaktisches Rezept: *Repetitio est mater studiorum*, sagte schon der römische Gelehrte Cassiodor. Durch Wiederholung lernen wir. Manchmal weisen Elitisten sogar implizit darauf hin. Der Vorgesetzte fragt sich zum Beispiel:»Warum macht er es nicht? Ich habe es ihm doch gesagt.« Der Pseudo-Elitist dagegen sagt beiläufig zum Kollegen:»Wenn es wichtig wäre, hätte der Chef es sicher nochmal gesagt.« Wiederholung schadet also nicht. Freundliche, beständige, vorwurfsfreie Wiederholung. Warum wissen viele Chefs das nicht?

WISSEN CHEFS DAS?

Es erstaunt mich, wie oft und wie häufig Vorgesetzte Arbeitsvermeidung durchgehen lassen. Eine im Team rackert sich ab, während fünf es sich bequem machen. Zwei bereinigen den Kundenstamm, indem sie Adresse für Adresse durchgehen und alle Details überprüfen, während drei andere Kolleginnen sagen:»Ach, das geht doch auch so! Die paar Ungenauigkeiten!« Ein Monteur geht nochmal die Baustelle ab, um übersehene Fehler und Risiken abzustellen, während seine Montagekollegen schon in Richtung Feierabend unterwegs sind:»Wenn es beim Testbetrieb Probleme gibt, merken wir das doch beim Testbetrieb!« Ja, schon klar – aber jeder unterbrochene Testbetrieb kostet Zeit, Verschleiß und die Geduld des Kunden. Warum lassen Chefs das zu? Was wissen Unternehmen über sich selbst? Wie kommt diese Ungerechtigkeit, diese Effizienz- und Produktivitätsvernichtung zustande?

Meist durch Unwissenheit. Viele Chefs praktizieren eben nicht »Management by Walking Around«. Sie kriegen schlicht nicht mit, wer die Hauptarbeit macht und wer in der Hängematte liegt. Und taucht der Chef dann doch einmal am Arbeitsplatz seiner Mitarbeitenden auf, sind viele Arbeitsvermeider perfekt darin, Geschäftigkeit vorzutäuschen, Pseudo-Leistung, Alibi-Akribie. Viele Leistungsvermeider sind Meister im Tarnen und Täuschen. Einmal ganz davon abgesehen, dass sie sich gerne mit den Leistungen anderer schmücken.

Denn oft ist es so, dass die Präsentation vor dem Vorgesetzten dann nicht die Leistungsträgerin macht, die 80 Prozent der Arbeit erledigt hat, sondern einer der fünf Hängematten-Bewohner. Er glänzt, er reklamiert die Erfolge des Teams und der Leistungsträgerin für sich – und der Vorgesetzte lässt sich von diesem Blendwerk täuschen. Natürlich nicht alle Chefs.

Es gibt einige Vorgesetzte, die lassen aus solchen unberechtigten Selbstglorifizierungen schnell die Luft raus, indem sie zum Beispiel Detailfragen stellen, die nur beantworten kann, wer die Arbeit tatsächlich gemacht und die Aufgabe gestemmt hat. Oder Vorgesetzte, die ihren Teams nicht ständig, aber ausreichend oft dergestalt über die Schulter schauen, dass sie ein eventuell vorhandenes Leistungsgefälle bemerken. In diesen Abteilungen, Organisationseinheiten und Teams wird folgerichtig deutlich weniger Arbeitsvermeidung betrieben. Vor allem, wenn Vorgesetzte die lockende Vermeidung explizit ansprechen: »Leute, wer sein Zeug nicht erledigt und andere für sich arbeiten lässt, kriegt Ärger mit mir!«

Das hört man selten, vor allem in Deutschland. Wir sind bekannt für unsere Produkte, Qualität und Ingenieurskunst – nicht für unsere Führungskunst. Man möchte ja schließlich »nicht als Sklaventreiber gelten«, wie viele Chefs betonen. Auch das liefert der Arbeitsvermeidung Vorschub:

Wenn der Vorgesetzte den Unterschied zwischen Sklaventreiberei und einem offenem Wort nicht kennt, grassiert in seinem Führungsfeld weiter die Leistungsvermeidung.

WAS HÄNSCHEN NICHT LERNT

Manchmal fragen mich entnervte Leistungsträger:»Warum lernen Kinder nicht in der Schule, dass man sich anstrengen sollte?« Gute Frage.

Man sollte meinen, dass allein die Notengebung das Leistungsprinzip vermitteln müsste: Gute Leistung – gute Note. Ich habe das einmal im Verfahren der Hauruck-Empirie testen wollen und ein Dutzend Jugendliche gefragt, warum der Klassenbeste in der letzten Matheklausur so gut war. Die häufigsten Nennungen:

- »Der ist ein Genie/Streber.«
- »Der kann das halt.«
- »Der ist unheimlich klug.«
- »Lehrers Liebling.«

Eine einzige Jugendliche sagte:»Der büffelt wahrscheinlich wie verrückt.« Sie selbst hatte eine Zwei in der Klausur. Und nicht nur das. Sie hat darüber hinaus ganz offensichtlich eine Ahnung vom Leistungsprinzip. Die anderen nicht. Die anderen glauben, Noten hätten mit Leistung nichts zu tun. Jedenfalls weniger als Genie, »Klugheit« und der Tatsache, Lehrers Liebling zu sein. Vielleicht hat der Jugendliche, der den Klassenbesten als Streber bezeichnet hat, doch noch eine gewisse Ahnung, was Leistung ist. Aber die wird sogleich diffamiert, herabgesetzt, ins Lächerliche gezogen.

Diese Haltung wird nicht zuletzt durch das Verhalten von einigen Lehrern noch verstärkt. Zum Beispiel: Kinder und Lehrer räumen nach dem Sportunterricht nicht ordentlich auf – sondern der Hausmeister. Ähnlich verhält es sich mit Abfällen auf dem Pausenhof: Schüler werfen weg, der Aufsichtslehrer steht daneben, sagt aber keinen Ton. Und der Hausmeister räumt das nachher weg.

Diese Anekdotensammlung kann man zwar nicht generell verallgemeinern und zu einer logischen Argumentation ausbauen. Ich möchte auch in keinen Statistikerstreit oder die aktuelle bildungspolitische Diskussion eintreten. Ich möchte nur darauf hinweisen: Wer von der Schule verlangt oder erwartet, dass sie Kindern ein Leistungsethos vermittelt, verlangt oder erwartet möglicherweise zu viel. Vor allem riecht diese Erwartung selbst schon leicht nach elitärem Eskapismus und kommoder Entantwortung: Warum sollten wir von der Schule erwarten, was wir gut und gerne selbst leisten könnten? Jeder reformiere seinen eigenen Elitisten.

Der gängige Begriff für das Endstadium einer Gesellschaft mit zu vielen Leerstellen und zu vielen Menschen, die statt auf Leistung lieber auf Sicherheit und Rundumversorgung aus sind, lautet »Nanny State«. Der Staat als Kindermädchen, als Komplettversorger für jedes Individuum, für jede Situation und für jedes Bedürfnis.

Das ist der heimliche Traum vieler Arbeitsvermeider: Als etwas Besonderes gelten und gleichzeitig rundum versorgt, gepampert, verhätschelt, angebetet, verherrlicht und verdorben zu werden.

DAS REANIMIERTE LEISTUNGSETHOS IN FAMILIE UND FIRMA

Wenn wir mit Menschen leben und arbeiten möchten, die etwas leisten, dann sollten wir auch selbst dafür sorgen. Wir jammern und klagen über die Leistungsverweigerer um uns herum – zu Recht, natürlich. Aber wir schreiben sie als hoffnungslose Fälle ab. Das sind sie aber nicht. Und gleichzeitig müssen wir aufpassen, dass wir nicht selbst in die Rolle des Verweigerers rutschen, etwa indem wir die Haltung entwickeln, die Bekehrung der anderen sei »nicht unsere Aufgabe«. Wer ist hier der schlimmere Leistungsverweigerer? Der eigentliche, oder der, der sich über ihn aufregt, aber sich gleichzeitig weigert, ihm den Leistungsgedanken nahezubringen? Wenn ich bei befreundeten Familien zu Gast bin, schmuggle ich gelegentlich diesen Gedanken in eine Diskussion ein und bin jedes Mal heilfroh, wenn ich damit durchkomme.

Da kommt zum Beispiel die Teenagerin mit dem Handy an und will der Mama das neueste Video zeigen. Die Mutter sagt: »Und deine Hausaufgaben? Aber zackig!« Der (eigentlich berechtigte) Anraunzer macht Leistung nicht wirklich attraktiv. Deshalb sitzt die Tochter dann auch passiv am Tisch und brütet düster vor sich hin, das aufgeschlagene Schulbuch unbenutzt vor sich liegend: zur Schau gestellte, trotzige, beinahe hilflose Leistungsverweigerung. Ich gehe also zu ihr rüber und sage: »Wow, dein Schulheft sieht aber sehr schön gestaltet aus! (Bei einem bestimmten Typ Mädchen passt das fast immer.) Ich sehe, dass du da sehr viel Mühe und Engagement reinsteckst. Das sieht man deutlich. Finde ich klasse. Mühe lohnt sich. Immer. Macht ja auch mehr Spaß.« Die Jugendliche versteht (meist) die Überdosierung der Anerkennung und die Überbetonung des Leistungsaspekts. Die Eltern verstehen das nicht immer:»Was soll das? Wie redest du denn mit der Kleinen?«

Dann erkläre ich, dass ich eben das wieder eingeführt habe, woran es mangelt. Es mangelt der Jugendlichen nicht an Fleiß oder der nötigen Disziplin, ihre Hausaufgaben zu machen. Es mangelt ihr an Verständnis dafür, dass Leistung etwas Schönes ist, Anerkennung findet, sich lohnt, ein gutes Gefühl macht, die anstehenden Aufgaben erledigt, das Selbstwertgefühl festigt und steigert, den Status hebt, Respekt verschafft.

Niemand leistet gerne, bloß weil Leistungsverweigerung eventuell bestraft werden könnte. Natürlich versuchen wir, Strafe zu vermeiden. Doch Vermeidungsverhalten ist gerade nicht das, was wir erreichen wollen. Wir wollen, dass die Menschen um uns herum gerne und aus eigenem Antrieb (und nicht bloß wegen Strafvermeidung) etwas leisten. Also können wir versuchen, den Leistungsgedanken wieder ins alltägliche Leben zu integrieren, in die alltägliche Kommunikation, in jede Transaktion, jede Tätigkeit im Familienleben und in der Abteilung, Arbeitsgruppe, Firma. Der entscheidende Unterschied besteht zwischen dem lediglich vorgetragenen und dem in den Alltag integrierten Leistungsgedanken: Vortragen, fordern, appellieren funktioniert didaktisch nicht wirklich gut. Vorleben wirkt besser. In der Familie und erst recht im Berufsleben.

»MAMA, GUCK, MEIN EIGENES BROT!«

Viele Ausbilder beklagen die angebliche Passivität und Bequemlichkeit etlicher Auszubildender. Fragt sich nur: Was und wen beklagen die da? Die Azubis oder sich selbst?

Im Schwäbischen heißt es:»Wie der Herr, so's G'scherr«, grob übersetzt: Jeder Meister hat die Azubis, die er (sich) verdient. Wenn ich mich über meine »faulen Azubis« beklage, was sagt das über mich? Womit habe ich mir die verdient? Zum Beispiel mit einer fachlichen Ausbildung, die über das Fachliche nicht hinausgeht. Es geht auch anders.

Da gibt es zum Beispiel den Unternehmer, der vor Jahrzehnten eher zufällig einen Lebensmittelladen übernommen hat und schon ganz früh auf bio, grün und gesund umstieg. Heute macht er mit seiner Handelskette Millionen. Die hat er sich mit seiner Leistung verdient. Doch auch er stellt während der Expansion zwangsläufig auch Mitarbeiter und Azubis ein, für die Leistung noch ein Fremdwort ist. Sie machen ihren Job – aber häufig so lustlos und wenig engagiert, wie es für viele Arbeitsvermeider typisch ist. Der Bio-Unternehmer hat schmerzhaft gelernt, dass Appelle an ihre Leistungsbereitschaft nichts bringen. Also macht er mit ihnen das, was er selbst getan hat: Er lässt sie den Job von der Pike auf lernen.

Und so lernen die Azubis zum Beispiel auch, aus der Ähre das Mehl zu mahlen und aus dem Mehl das eigene Brot zu backen – und süße Teilchen zu entwickeln. Regelmäßig kommen Azubis nach Hause und sagen stolz:»Mama, guck mal: mein eigenes Brot. Selbst gebacken!« Man muss kein Motivationspsychologe sein, um zu erkennen, dass so etwas deutlich besser motiviert, Leistung zu erbringen, als jeder Appell und jeder Ausbilder-Vortrag über »Leistung und Motivation im modernen Lebensmitteleinzelhandel«. Man kann den (jungen) Leuten Leistung wieder beibringen. Wenn man selbst nicht schon so elitisiert ist, dass man Leistung zwar einfordert, aber nicht mehr vermitteln kann oder will.

Es gibt Vorgesetzte in Unternehmen, die aus verständlichen Gründen nicht genannt werden wollen, die anders zur

Leistung motivieren. Sie loben zum Beispiel Team-Boni aus. Die Rechenarbeit dahinter ist zwar manchmal etwas aufwändig. Doch der Index, der über die Ausschüttung des Bonus entscheidet, gibt erst dann grünes Licht, wenn eben alle im Team ihre mögliche Leistung bringen – nicht nur die Leistungsträger, sondern auch die Elitisten. Wenn die Fronten nicht total verhärtet sind, animiert diese Maßnahme viele Elitisten, ihre Leistung zumindest zu steigern. Man sieht und kommentiert dann:»Aha, es geht also doch!«

Familien benutzen oft ähnliche Leistungsanreize. Ein Vater sagte mir:»Bei uns zu Hause gilt: Handy, Internet und TV erst dann, wenn die Zimmer der Kinder aufgeräumt sind – aller drei Kinder!« Räumt dann im Endeffekt nicht die fleißige ältere Schwester die Zimmer der beiden weniger emsigen jüngeren Brüder auf?»Am Anfang schon«, erklärte der Vater, den ich auf einem Logistikkongress kennengelernt hatte.»Aber Leistung ist kein Event, sondern ein Prozess: Wir haben so lange mit den beiden Leistungsvermeidern verhandelt und die Anreize so lange verändert, bis es klappte. Heute funktioniert es mehr oder weniger.« Jedenfalls mehr als ohne diese Bemühungen um mehr und gerechtere Leistung.

Diese, zugegebenermaßen, anekdotischen Beispiele zeigen: Menschen sind lernfähig.

MÜTTER-MOBBING

Ein Problem bei der Resozialisierung der Pseudo-Elite ist Leistungsmobbing.

Eine Gemeindereferentin berichtet:»Unsere sieben Verbandsgemeinden müssten alle die Renovierung der Wasserversorgung mit Hochdruck vorantreiben. Seit Jahren müssten wir das anpacken. Aber keiner tut was. Und wenn dann eine der sieben Gemeinden eine Teilmaßnahme konzipiert und erfolgreich durchführt und das Pilotprojekt von den anderen sechs übernommen werden könnte, reden die das klein: ›Das klappt bei uns nicht! Das war bloß Glück! Das ist nicht übertragbar!‹.« Leistung wird kleingeredet, bagatellisiert, trivialisiert, marginalisiert, stigmatisiert, unter den Teppich gekehrt und als Vorwand für Vorwürfe an den Leistungsträger missbraucht. Damit rettet man die Wasserversorgung der Gemeinden nicht. Nach diesem Prinzip des Leistungsmobbings rettet man überhaupt nichts, am wenigsten die Welt.

Es ist nicht nur so, dass in den jeweils sechs anderen Gemeinden nicht das längst Nötige geleistet wird. Was als Leistungsverweigerung schon schlimm genug wäre. Nein, um eins obendrauf zu setzen, wird die ausnahmsweise Leistung, die dann gegen alle Widerstände erbracht wurde, auch noch niedergemacht, kleingeredet, lächerlich gemacht. Die spinnen, die Elitisten. Nicht nur im Umgang mit kommunalen Entscheidern, sondern zum Beispiel auch mit Müttern.

Als vierfache Mutter komme ich gerne mit anderen, ebenfalls berufstätigen Müttern zusammen. Es gibt viele Themen, über die wir reden. Doch wenn das Gespräch aufs Thema »Mütter-Mobbing« kommt, wird es hitzig. Immer wieder versäumt eine von uns beruflich bedingt einen Schultermin eines ihrer Kinder, wonach das betroffene oder verschwisterte Kind dann regelmäßig die zuverlässig über den Flurfunk verbreitete Parole der anderen, nicht berufstätigen Mütter kolportiert: »Die arbeitet wohl lieber, als sich um ihre Kinder zu kümmern!« Oder eine der berufstätigen Mütter schafft es nicht, fürs Klassenfest Muffins zu backen – wie alle »normalen« Muttis. Dann wird über sie gestreut: »Für den Job vernachlässigt sie ihre Kinder!« Natürlich wird das so laut und flächendeckend verbreitet, dass es auch die betroffenen Kinder mitkriegen und dann schon mal fragen: »Mama, was stimmt nicht mit deiner Arbeit?« Und da fragt frau sich, warum immer noch so wenige Mütter Vollzeit in den Beruf zurückkehren oder bereit sind, Führungspositionen zu übernehmen? Das liegt nicht nur an zu wenig Hortplätzen.

Eine Vollzeitmutter kann von einer Vollzeit berufstätigen Mutter nicht erwarten oder gar verlangen, dass sie ebenso oft und so viele Muffins für die Faschingsparty der Schulklasse ihrer Kinder bäckt wie die Mutter, die eben nicht acht bis zehn Stunden täglich am Arbeitsplatz zubringt. Genau das tun aber viele: »Jetzt bist du aber endlich mal dran mit Backen und Dekorieren! Du engagierst dich ja nie für unsere Kinder.« Selbst wenn frau dann abliefert, aber eben nicht selbst gebacken, sondern eingekauft hat, erntet sie schiefe Blicke und Sticheleien. Neulich erwiderte eine der befreundeten Mütter darauf: »Sorry, der Backofen bei uns im Büro funktioniert gerade nicht!« Ist nicht wirklich lustig, aber Humor ist noch eine der besseren Bewältigungsstrategien.

>»Gesellschaftliche Fehlentwicklungen aber
werden nicht von einigen wenigen abnormen
Persönlichkeiten der politischen Macht der
Mehrheit einer vermeintlich gesünderen
Bevölkerung aufgezwungen, sondern sie
werden von Millionen Mitläufern ausgestaltet,
die im Wiederholungszwang ihrer frühen
Verhältnisse ein zwar unbewusstes, aber sonst
höchst aktives Bedürfnis haben, immer wieder
äußere Verhältnisse herzustellen, die ihren
inneren Deformierungen entsprechen.«
Hans-Joachim Maaz, Der Lilith-Komplex

5 WAHNSINNSKARRIEREN: WIE WIRD MAN ELITIST?

ELITOGENESE: DIE VERWANDLUNG VON »NORMAL« ZU »ELITIST«

Es ist Freitagnachmittag im Testlabor eines großen Herstellers für medizinische Messgeräte. Der leitende Ingenieur und eine Neurobiologin bereiten Werkzeuge und Messgeräte vor – und sind wütend. Sie sagt: »Eigentlich sind wir sieben Mitglieder im Team. Wo steckt der Rest?« Er antwortet: »Die haben sich eben klammheimlich ins Wochenende verdrückt.« Warum die beiden nicht?

»Weil für Montag in der Früh ein Test- und Messlauf ganz kurzfristig angesetzt wurde, der relativ eng getaktet ist. Und da möchten wir nicht erst eine Stunde damit verlieren, um die Gerätschaften zusammenzusuchen, sie zu sortieren und zu justieren. Alles soll griffbereit parat liegen«, finden diese beiden. Dass die anderen fünf sie dabei hängen lassen, ärgert sie. Weil die Kollegen sich plötzlich und heimlich ins Wochenende verdrückten, konnte darüber auch nicht im

Team gesprochen werden. Die beiden verbleibenden Teammitglieder gingen wie selbstverständlich davon aus, dass man den Testlauf gemeinsam vorbereitet. Während sie sich ärgern, laufen die fünf draußen am Fenster der Werkstatt vorbei, spöttische Grimassen schneidend und mit schadenfrohen Gesten.

Die Neurobiologin sagt wütend:»Das ist typisch! Die überlassen uns die ganze Vorbereitung und machen sich auch noch über uns lustig! Warum? Wie kann ein Mensch bloß so werden?« Gute Frage.

Wie vermeidet man Arbeit und macht sich auch noch lustig über jene, die sie übernehmen? Wir haben einige Antworten auf diese Frage bereits in Form von Gründen für den Elitismus kennengelernt: Überforderung, Eskapismus, Angst und Angstvermeidung oder auch Hedonismus und Event-Lifestyle. Wir haben uns beim Beleuchten dieser Faktoren der Frage gewidmet, *warum* man Elitist wird, welchen Sinn das für diese Menschen macht. Jetzt würde ich gerne unter Einbezug dieser und anderer Faktoren die Frage beleuchten: *Wie* wird man Elitist?

War das Teil der Ausbildung in diesem Unternehmen? Ist es Einstellungsvoraussetzung? Oder liegt es am Charakter eines Menschen? Manche vermuten das. Zum Beispiel die Neurobiologin. Sie sagt, frei nach Obelix:»Die spinnen doch, die lieben Kollegen!« Ja? Muss man eine klinisch attestierte Neurose vorweisen, um als Elitist zugelassen zu werden? Ist die Pseudo-Elite verrückt? Versuchen wir, mithilfe eines anderen Beispiels eine Antwort zu finden, von dem mir eine Managerin dankenswerterweise berichtet hat; nennen wir sie Beate.

In Beates Hauptabteilung herrscht dicke Luft. Die Ziele des aktuellen Quartals werden voraussichtlich weit verfehlt. Vier von acht Führungskräften der Hauptabteilung schimpfen und klagen. Wer ist schuld? Natürlich Beate, die leitende Controllerin. Sie controllt nicht nur, sondern koordiniert das Zusammenspiel zwischen den strategischen Vorgaben vom Hauptabteilungsleiter und der operativen Arbeit der Führungskräfte. Sie controllt die Kolleginnen und Kollegen, analysiert die Zahlen und begleitet die verschiedenen Maßnahmen. Eine Managerin giftet sie an:

»Sie haben uns ins Messer laufen lassen! Wie konnten Sie uns das antun? Warum haben Sie uns nicht rechtzeitig gewarnt, dass wir die Ziele verfehlen?«

»Äh, das habe ich. Schon vor Wochen. Mehrfach.«

Diese Antwort glättet die Wogen nicht. Im Gegenteil. Die Hälfte des Führungsteams geht Beate weiter aggressiv an. Der Hauptabteilungsleiter schaut von Minute zu Minute irritierter drein und sagt dann:»Leute, hört auf, verrückt zu spielen! Die Kollegin ist dafür verantwortlich, meine strategischen Vorgaben in operative Aufgaben herunterzubrechen. Für die Umsetzung dieser Aufgaben seid ihr zuständig. Ihr wisst das. Aber ihr lasst eure Wut an ihr aus? Das ist verrückt!«

Die Hälfte des Führungsteams bringt nicht die vereinbarte Leistung, weshalb die Leistungszahlen verfehlt werden. Beate bringt ihre Leistung. Aber Beate kriegt den Shitstorm ab. Die, die ihren Job nicht wirklich gut machen, greifen jene an, die ihren Job wirklich gut macht. Das ist schon ein wenig absurd. Deshalb kann ich verstehen, wenn (einige) Leistungsträger die Pseudo-Elite für verrückt erklären. Der Haken an der Erklärung: Beates Kolleginnen und Kollegen machen keineswegs einen verrückten Eindruck.

Wenn Sie mit ihnen reden würden, bekämen Sie einen ganz normalen Eindruck von ganz normalen Menschen. Zumindest dann, wenn sie nicht gerade Leistungsträger in die

Pfanne hauen. Dieser krasse Unterschied im individuellen Verhalten irritiert. Man fragt sich: Wie kann mir jemand zwei Stunden lang im Meeting völlig normal gegenübersitzen, normal reden, normal zuhören, vernünftig argumentieren, normal planen, projektieren, organisieren – und zehn Minuten später schnaubt derselbe Mensch Mordlust und verfolgt ahnungslose Leistungsträger mit Hasstiraden, anstatt sich seiner eigenen Minderleistung zu schämen oder zumindest darüber zu diskutieren, wie man die bedrohten Ziele doch noch erreichen könnte?

Wie geht das?

BEGINN DER ELITISTEN-METAMORPHOSE

Wie wird man Elitist? Ist das wie ein plötzlicher Anfall mit Zuckungen und Halluzinationen? Oder wie ein Virus, das einen befällt? Müssen wir »ganz normalen« Menschen deshalb fürchten, uns eines unschönen Tages urplötzlich und ohne Vorwarnung ebenfalls damit anzustecken und in Elitisten zu verwandeln? Von einer Sekunde auf die andere? Gerade noch völlig normal und – zack! – jetzt schon der wandelnde Horror des Leistungsprinzips? Sehr beunruhigend. Wie funktioniert die Elitogenese?

Wenn wir jene Situationen analysieren, in denen Elitismus auftritt, erkennen wir unschwer, dass er nicht nur eine einzige Ursache hat. Wie fast alles im Leben führen viele Wege nach Elite-City. An einen dieser Wege denkt man zunächst nicht – weil er über den Chef führt.

Chefs machen Elitisten.

Lehrer, Eltern, Meister und Mannschaftskapitäne schaffen das übrigens auch. Wie alle, die »etwas zu sagen haben«.

Eben damit schaffen sie es: mit dem, was, respektive *wie* sie es sagen.

Wie produziert Beates Hauptabteilungsleiter »seine« Elitisten? Mit dem, was er sagte, bevor der Shitstorm ausbrach. Er sagte: »Gerade kommen die neuesten Zahlen vom Controlling rein: eine Katastrophe! Wie könnt ihr mich so hängen lassen! Ihr liegt meilenweit unter der Zielvereinbarung!« Man hätte auf diesen doch sehr aggressiven Vorwurf auch besonnen und deeskalierend reagieren können. Einige Kolleginnen und Kollegen machen das auch. Andere eben nicht. Sie reagieren nicht besonnen und deeskalierend – sie geben den Druck von oben an Beate weiter. Vorwürfe provozieren weitere Vorwürfe, sie fördern die Metamorphose vom normalen Mitarbeiter zum Elitisten. Je schwerer die Vorwürfe sind, desto schneller verwandeln sich Menschen (nicht alle) – und desto mehr von ihnen verwandeln sich. Ich finde das verständlich.

Ich glaube, hätte man Ihnen und mir die Brocken »Katastrophe!«, »Wie könnt ihr mich so hängen lassen!« und »Ihr liegt meilenweit unter der Zielvereinbarung!« um die Ohren gehauen, würden auch wir defensiv, aggressiv oder passiv-aggressiv reagieren und versuchen, etwas von der Scham an andere abzugeben. Weil der Chef die Schuld komplett auf uns schiebt. Weil er »Ihr liegt unter den Zielvereinbarungen!« sagt und nicht »Wir liegen ...«. Weil er sich nicht als Teil des Teams betrachtet, sondern als etwas Besseres. Er kehrt die Hierarchie heraus: Ihr da unten, ich hier oben. Er fühlt sich nicht verantwortlich für die Arbeit seines Führungsteams. Er lädt die ganze Verantwortung, Scham und Schuld »seinem« Team auf. Kein Wunder, dass sich das halbe Team spontan elitisiert und etwas von dem aufgestauten Druck abgeben möchte. An Beate. Beate kann nichts dafür. Sie ist bloß das Ventil für den sich Bahn brechenden Frust der anderen.

Vorwürfe provozieren eine Elitisierung, die meist in Kaskaden verläuft: Der Hauptabteilungsleiter tritt verbal sein Führungsteam, die Hälfte des Teams tritt Beate, Beate tritt ihren Lebensabschnittspartner, dieser schreit seinen Hund an, der Hund verbellt die Katze und die Katze denkt »Ihr habt sie doch nicht mehr alle!«. Katzen reden anders. Katzen sind die besseren Menschen. Wenn sie reden könnten, würden sie sagen: Hört zu treten auf! Dann gibt es auch weniger Elitisten.

So sehr uns Elitisten auf die Nerven gehen, so oft sind sie – natürlich völlig unabsichtlich – hausgemacht. Nicht jeder Elitist meldet sich freiwillig zur Metamorphose. Viele werden durch die allgegenwärtige Vorwurfshaltung und Dauerkritik am Arbeitsplatz oder in der Familie, durch Verantwortungsdiffusion und Abwertungsmentalität in Arbeitswelt und Gesellschaft quasi gezwungen, sich gelegentlich, situativ von Dr. Jekyll in Mr. Hyde zu verwandeln. Und schon zieht man über andere her und denkt mit keinem Gedanken mehr daran, dass es auch noch die Sache, die Aufgabe, die Arbeit gibt, die erledigt werden muss. Wieder bleibt Arbeit liegen und der Kreislauf beginnt von vorne.

Der erste Metamorphose-Faktor ist also: Vorwürfe von hierarchisch Höhergestellten – oder was von den Adressaten der Kommunikation als Vorwurf verstanden wird.

Das klingt alles sehr einleuchtend, hat jedoch einen Haken, den ein Kollege während einer lebhaften Diskussion entdeckte: »Wenn dir jemand Vorwürfe macht und du gibst diese eins zu eins an andere weiter, hast du ein ziemlich schwaches Ego. Wenn mich einer unfein angeht, lasse ich das nicht an anderen aus, sondern denke: Was hast du denn für ein Problem?«

Das ist der zweite Beschleuniger der Metamorphose: Ego.

Die friedvolle, schweigende Hälfte des Führungsteams in Beates Hauptabteilung macht es tatsächlich wie der zitierte Kollege und denkt bei den Vorhaltungen des Vorgesetzten: »Was hat denn der Chef für ein Problem? Wenn wir uns steigern müssen, um unsere Ziele doch noch irgendwie zu erreichen, kann er das auch anders, anständig, vernünftig, ohne Vorwürfe sagen.« Die andere Hälfte des Teams prügelt verbal auf Beate ein. Was ist der Unterschied zwischen beiden Gruppen? Ich möchte hier nicht in eine vertiefte psychopathologische Diskussion einsteigen. Auch deshalb nicht, weil der eben zitierte Kollege – Dank an ihn – es in seiner Äußerung schon alltagstauglich aufgezeigt hat:

Je schwächer das Ego, desto eher, schneller und weitreichender vollzieht sich die Metamorphose.

Ist man von sich, seinen Erfolgen und Fähigkeiten authentisch und nachhaltig überzeugt, kann man auch mal einen Fehler, ein Versäumnis eingestehen, ohne dass einem gleich ein Zacken aus der Krone bricht, sprich Scham und Selbstabwertung hochkochen. Nur wer mental so verletzbar ist, dass ihn der leiseste Hauch eines Vorwurfs aus der Balance bringt, spürt den inneren Zwang, etwas vom Vorwurf auch an andere abzugeben. Weil sein Selbstwertgefühl die Kritik nicht wegsteckt. Im gnadenlosen Jargon mancher Vorgesetzter heißt das dann: »Der/Die ist nicht kritikfähig.« Das mag sachlich zutreffen, gnadenlos ausgedrückt ist es trotzdem. Schließlich ist Selbstwertgefühl auch im 21. Jahrhundert weder Schulfach, noch Stoff irgendwelcher Ausbildungen.

Ein wackeliges Ego erklärt, warum Menschen andere direkt angehen, herabsetzen und niedermachen, sobald sie mit ihrer Leistungsverweigerung konfrontiert werden. Ein wackeliges Ego erklärt, warum Kritik noch schärfere Kritik auslöst. Ein schwaches Ego erklärt jedoch nicht, warum Leistungsvermeider überhaupt Leistung vermeiden, was dann wiederum Anlass zur Kritik gibt. Was haben Elitisten gegen harte, ehrliche Arbeit?

METAMORPHOSE-FAKTOR: LEISTUNGSDRUCK

Der Verkaufsleiter sagt zu seinen sechs Regionalleitern: »Wir brauchen Umsatz! Uns fehlen 80 000 Euro zum Quartalsende! Also nimmt sich jeder von euch die Stammdaten und telefoniert sämtliche Kunden und Interessenten in seinem Gebiet durch!«

Was passiert? Ja, natürlich, das kennen wir aus unseren eigenen Unternehmen, Teams, Projekt- oder Arbeitsgruppen, Familien, Verbänden, Vereinen: Zwei der Angesprochenen organisieren umgehend die Großaktion mit ihren Verkaufsteams. Vier Kollegen sagen: »Muss das jetzt auch noch sein? Wir haben schon genug anderes zu tun. Und müssen es dann auch noch so viele Anrufe sein? Das ist doch im Rest des Quartals überhaupt nicht zu schaffen!« Das klingt nach Arbeitsvermeidung. Das zweite konstituierende Element für Elitismus, die Abwertung der Leistungsträger, manifestiert sich in dieser Verkaufsorganisation dann auch noch – in Form von Sticheleien an die Adresse der beiden Leistungsträger, hinter vorgehaltener Hand: »Müsst ihr unbedingt gleich damit loslegen, ihr Streber? Wenn der Verkaufsleiter das mitkriegt, lässt er nicht mehr mit sich reden und schraubt die Vorgaben auf keinen Fall noch herunter. Also haltet euch gefälligst zurück!« Die einen legen schon mal los mit der Arbeit, die anderen versuchen, die Arbeit weitgehend oder zumindest teilweise zu vermeiden. Weswegen? An diesem Praxisbeispiel deutlich erkennbar: Wegen des Leistungsdrucks.

Dieser besteht im vorliegenden Fall weniger objektiv als subjektiv: Alle vier säumigen Regionalleiter hätten noch Kapazitäten frei – unser Definitionsmerkmal für Pseudo-Elite. Wohlgemerkt: Es gibt viele, viele Berufe mit objektiv nachweisbarem Leistungsdruck. Viele Menschen haben weder die Zeit, noch die Ressourcen, noch die Kapazitäten, um die an sie gestellten Anforderungen zu erfüllen. In aller gebotenen Deutlichkeit: Um diese geht es hier nicht. Es geht um subjektiv empfundenen Druck. Und vier der Regionalleiter verknüpfen mit der Verkaufsaktion eben einen solchen, subjektiv empfundenen Druck. Das zeigt auch ihr Sprachgebrauch: Sie benutzen zweimal das Verb »müssen«:»Muss das jetzt auch noch ...? (...) Und müssen es dann auch noch ...?« Die beiden Leistungsbereiten, die schon mal loslegen, verspüren keinen Zwang. Sie sagen:»Ja, klar machen wir das. Kein Problem. Ist eine Aufgabe wie jede andere auch: Wir verkaufen. Das macht man schließlich im Verkauf.« Für die anderen vier liegt der Leistungsdruck jenseits ihrer individuellen Schmerzgrenze, daher vollzieht sich bei ihnen die Metamorphose zu Elitisten. Das ist aus ihrer Perspektive verständlich, auch wenn dabei immer noch die Arbeit liegen bleibt und Leistungsträger abgewertet, wenn nicht beschimpft werden. Dieser Metamorphose-Faktor wirkt nicht nur im Verkauf.

Wenn ich mit Angestellten, aber auch mit Managerinnen und Managern anderer betrieblichen Funktionen rede, bin ich immer wieder bass erstaunt, welche Art von Aufgaben und wie viele davon von vielen »Betroffenen« bereits mit »Leistungsdruck« und »Leistungszwang« assoziiert werden. Würde ein böser Vorgesetzter im Hintergrund mit

Abmahnung und anderen Konsequenzen drohen, könnte ich verstehen, dass man Leistung mit Druck verwechselt. Aber in erstaunlich vielen Fällen ist eben nichts im Hintergrund. Es braucht keinen bösen Vorgesetzten, der ihnen Druck macht. Sie machen sich selbst Druck. Wo andere die Aufgabe sehen, die Arbeit, die Herausforderung, die Challenge, wie man heute sagt, spüren sie den Zwang, den Druck. Es gibt viele Möglichkeiten, sich selbst unter Druck zu setzen:

• Viele Menschen fühlen sich unter Druck gesetzt, wenn eine Aufgabe neu für sie ist. Sie denken:»Das ist neu! Das kann ich nicht!« Der Leistungsträger sagt:»Das ist neu! Das probiere ich jetzt!«
• Viele leiten die Metamorphose zum Elitisten ein, indem sie denken:»Aber wenn ich das nicht auf Anhieb hinkriege, dann ...!« Der Leistungsträger vermeidet die Verwandlung, indem er denkt:»Wenn ich das nicht auf Anhieb schaffe, versuche ich es eben noch einmal.« Diese Denkhaltung ist übrigens geradezu konstitutiv, charakteristisch für den Start-up-Spirit.
• Der Elitist befürchtet:»Wenn ich es nicht schaffe, hält mir mein Chef eine Standpauke!« Die Leistungselite denkt: »Wer mir eine Standpauke hält, wenn ich was Neues ausprobiere, hat selbst ein Problem. Soll er doch froh sein, dass es jemand versucht!«
• Viele Menschen machen sich Druck und gehen sofort in die Abwehrhaltung:»Der Chef hat mir das einfach so auf den Tisch geknallt. Was fällt dem ein?« Andere Menschen denken:»Ich habe kein Autoritätsproblem. Natürlich darf der Chef mir auch unbequeme Sachen kalt reindelegieren. Er darf mir das ›Was‹ vorschreiben – das ›Wie‹ ist meine Sache.«

- Manche fühlen sich unter Druck gesetzt, weil sie Angst haben:»Wenn das nicht hinhaut, lachen die anderen über mich!« Andere denken:»Menschen, die über Menschen lachen, denen etwas misslingt, zählen nicht zu meinen Freunden.«

Elitisten entwickeln Zwänge, wo die Leistungselite Commitment, Ehrgeiz, Leistungswillen, Motivation, Engagement, eine»Jetzt erst recht«- oder eine»Das wollen wir doch mal sehen«-Mentalität entwickelt. Sogar wenn die Zwänge explizit gesetzt werden, spürt die Leistungselite noch keinen Zwang:

- Der Elitist denkt:»Der Chef möchte 20 Seiten Report! Bis morgen! Oje, das schaffe ich nicht!« Und der Zwang ist da. Der Leistungsträger denkt:»Ich weiß, was der Chef will und gebe mein Bestes. Wenn es hinhaut, gut. Wenn nicht, auch gut. Es geht immer nur das, was geht. Mehr geht nicht.«

MIT DRUCK UMGEHEN

Selbst wenn tatsächlich Druck von außen gemacht wird: Der Elitist übernimmt ihn, die Leistungselite nicht. Der Elitist internalisiert Druck von außen, die Leistungselite grenzt sich gegen solche Übergriffe ab: Internalisierung vs. Abgrenzung. Abgrenzungsfähigkeit ist nicht gottgegeben, kein Leistungsträger wurde damit geboren. Er oder sie hat diese Fähigkeit erworben, sie trainiert, geübt, praktiziert – bis sie sich ausbildete.

Der Elitist erwartet, dass man ihm keinen Druck macht. Die Leistungselite kann mit Druck umgehen, indem sie sich abgrenzt und der eigenen Einstellung treu bleibt. Das wusste schon Shakespeare:»This above all, to thine own self be true.« Das Allerwichtigste: Bleib dir selbst treu. Manche Vorgesetzte wissen das auch.

Ein erfahrener Chef sagt zu einem jungen Angestellten, der vor lauter »Leistungsdruck« ins Rotieren kommt: »Natürlich mache ich ihnen Druck, weil ich will, dass die Sachen erledigt werden und schleunigst. Aber ich erwarte doch, dass sie meinem Druck ihre Selbstbehauptung entgegensetzen. Ich erwarte doch keinen Kadavergehorsam.«

Chefs (Kunden, Beziehungspartner, Kinder ...) üben oft und gerne Druck aus. Nicht, weil sie Sadisten wären. Meist wollen sie uns nicht dezidiert unter Druck setzen. Sie wollen lediglich ihrem Anliegen Nachdruck verleihen, wollen kommunizieren, wie wichtig oder dringlich es ihnen ist. Der Elitist erkennt das (noch) nicht. Er übernimmt den Druck von außen (unbewusst, unreflektiert, ungeschult), macht sich damit selber welchen – und muss dann praktisch folgerichtig, aber gezwungenermaßen

a) Leistung vermeiden, wenn der internalisierte Druck subjektiv zu groß wird.

b) Leistungsträger abwerten, um im Vergleich mit ihnen nicht allzu schlecht dazustehen.

Gerade in unserer beschleunigten, dynaxen (dynamischen und komplexen), sich digital transformierenden, globalen Arbeitswelt ist Abgrenzungsfähigkeit extrem wichtig. Warum wird sie dann nicht in Elternhaus, Schule, Ausbildung und bei der betrieblichen Weiterbildung vermittelt? Eine gute Frage. Solange niemand eine Antwort darauf weiß, bleibt auch der Erwerb dieser Fähigkeit wieder einmal jedem Einzelnen überlassen ...

Natürlich gibt es im Zeitalter der Diversität viele Lebensstile. Der, den ich im Zusammenhang mit Leistungsvermeidung diskutieren möchte, ist jedoch der Lifestyle, demgemäß möglichst vieles wie ein Event gestaltet und erlebbar sein muss. Nach dessen Maxime muss alles oder möglichst viel im Leben Spaß machen, Genuss bringen, Glamour ausstrahlen oder einen Distinktionsgewinn bringen. Möglichst alles im Leben soll zum »Event« werden. Selbst und eben auch der Job, die Arbeit, der Beruf.

Auch mir macht mein Beruf Spaß. Arbeit soll unter anderem auch Freude bereiten – wo immer das von den Gegebenheiten her möglich ist. Ich weiß: Es gibt Arbeiten, die können keinen Spaß machen, weil es die Umstände einfach nicht hergeben. Um diese leidigen Jobs geht es hier nicht (sie verdienen ein eigenes Buch). Es geht mir um jene Aufgaben, Jobs und Tätigkeiten, bei denen noch ein Spielraum besteht, den man nutzen kann. Die Leistungselite nutzt ihn: Macht eine Aufgabe noch keine oder zu wenig Freude und besteht noch Spielraum, dann wird die Aufgabe im Sinne von »Mehr Freude bei der Arbeit!« eben passend gemacht.

Mir fällt dazu die Key-Account-Managerin ein, die zusammen mit der Verkaufsmannschaft über viertausend Kundenstammdaten telefonisch überprüfen sollte (also durch Anrufe und zehn- bis zwanzigminütige Gespräche bei Kunden und Interessenten). Die Vertriebsleitung hatte das als Aufgabe mit Priorität C ausgegeben – aber eigentlich war allen in der Mannschaft klar, dass der Vertrieb schon viel zu lange viele Fehldaten mit sich herumschleppte, was die Transparenz der Dokumentation sowie die Effektivität und Effizienz der Vertriebsanstrengungen teilweise stark einschränkte. Eine absolut sinnvolle, aber eben todlangweilige Arbeit. Die

Key-Account-Managerin ist in ihrer Freizeit Triathletin, das heißt sehr kompetitiv. Also machte sie sich die langweilige Arbeit interessant, indem sie mit sich selbst in den Wettbewerb trat:»Wie viele Anrufe mit hundertprozentiger Datenbereinigung und Kundenzufriedenheit schaffe ich am Tag?« Andere Leistungsträger im Vertrieb»verschönerten« die dröge Aufgabe mit anderen intrinsischen Motiven wie»Eigentlich ein schöner Anlass, auch mal wieder mit Kunden zu reden, die wir lange nicht gesprochen haben.« Sie werteten die Arbeit mit solchen»Tricks« auf. Der Elitist macht das nicht.

Warum sollte er auch eine für den hedonistischen Lifestyle ungeeignete Aufgabe für sich passend machen? Er lässt sie schlicht und einfach liegen. Er lehnt den Job, das Projekt, die Herausforderung ab und nimmt sie erst gar nicht an oder erledigt die Aufgabe, wie Homer Simpson das ausdrückt,»half-assed«, halbherzig, mit angezogener Handbremse, ohne viel Commitment, Motivation oder Engagement, ohne den Willen zur herausragenden Leistung – eben Dienst nach Vorschrift. Warum? Weil der Job, das Projekt, die Herausforderung nicht attraktiv, spannend und lustbetont genug ist und weil man sich den für einen vorzeigbaren Lifestyle nötigen Spaß und Glamour auch anders holen kann, etwa über Soziale Medien, Events, ein imposantes Haus oder die repräsentativen elektronischen Gadgets. Ohne (hart) arbeiten zu müssen. Indem man zum Beispiel Kätzchen, Reisen, Bilder, Gedichte oder Fashion postet und Likes sammelt. Das Like als Leistungssurrogat.

METAMORPHOSE-FAKTOR: ÜBERFORDERUNG

Wir haben Leistungsdruck als Faktor der Metamorphose diskutiert. Überschreitet der subjektiv als hoch empfundene Druck eine gewisse, individuell unterschiedliche vorhandene Grenze, wird aus dem »bloßen« Leistungsdruck die empfundene Überforderung. Oder wie die Psychologen es nennen: erlernte Hilflosigkeit. Sie konstituiert allerdings ein Paradoxon.

Um die Herausforderungen des 21. Jahrhunderts, um die Schattenseiten der Globalisierung, das wachsende Auseinanderklaffen zwischen unbewohnbar teuren Großstädten und sich entvölkernden Landstrichen, um Altersarmut und andere große Probleme bewältigen zu können, brauchen wir jeden Kopf, jede Hand – jeden und jede.

Doch anstatt diese großen Probleme anzugehen und zu lösen, empfinden viele von uns sie als allzu übermächtig. So übermächtig, dass viele in Frustration und Resignation versinken, rechts wählen, zu Wut-, Angst- oder Reichsbürgern mutieren oder – individual-rational völlig nachvollziehbar – sagen: »Das geht mich nichts an!« Sie flüchten ins Privatleben, in die Familie, in Hobbys, in die Sozialen Medien, in Scheinwelten, Filterblasen und Echokammern, in den Distinktionsgewinn von Statussymbolen (als Ersatz für Leistung) und damit eben in die Leistungsvermeidung. Weil sie sich überfordert fühlen, (uneingestandenermaßen) hilflos, machtlos, abgehängt, überrollt, überrannt, übermannt. Wem alles zu viel ist, der denkt nicht an Leistung, geschweige denn an Leistung, die über den Tellerrand hinausgeht. Das ist verständlich. Das ist menschlich. Es hilft bloß nicht.

Doppelt und dreifach nicht: Weder der Gesellschaft, denn die Probleme verschwinden nicht durch die Flucht ins Private, noch den Leistungsträgern, die wieder einmal im Alleingang die Kastanien aus dem Feuer holen müssen, noch dem Leistungsvermeider selbst. Denn Vermeidung, Verdrängung und Verleugnung waren noch nie die Zutaten für nachhaltiges Lebensglück, Selbstwertgefühl und Zufriedenheit. Der Mensch ist kein Faultier. Er ist für ein tätiges, aktives, reges Leben geboren.

EXKURS: DIE MAAZ-METAMORPHOSE

Bei der Diskussion der Metamorphose-Faktoren wollen wir auch ganz oben ins Regal greifen. Dort finden wir einen Metamorphose-Faktor »für Fortgeschrittene«, wie bereits im Zitat angedeutet, das diesem Kapitel vorangestellt ist:
»Gesellschaftliche Fehlentwicklungen aber werden nicht von einigen wenigen abnormen Persönlichkeiten der politischen Macht der Mehrheit einer vermeintlich gesünderen Bevölkerung aufgezwungen, sondern sie werden von Millionen Mitläufern ausgestaltet, die im Wiederholungszwang ihrer früheren Verhältnisse ein zwar unbewusstes, aber sonst höchst aktives Bedürfnis haben, immer wieder äußere Verhältnisse herzustellen, die ihren inneren Deformierungen entsprechen.«[9]

Das schreibt Hans-Joachim Maaz, einer der meistveröffentlichten lebenden deutschen Psychologen, in seinem Buch *Der Lilith-Komplex*. Es ist keine These, die er allein vertritt. Schon Freud sprach vom Wiederholungszwang. Wie das Zitat bereits ausdrückt, ist das ein völlig unbewusster Zwang. Ein weiterer Beleg dafür, dass Elitisten eben meist nicht vorsätzlich und in böser Absicht handeln, wenn sie Leistung vermeiden und jene beschimpfen und behindern, die Leistung erbringen. Nach dieser These sind Elitisten nicht böse oder charakterdefekt. Sie wiederholen lediglich das, was sie früher gelernt und eben unbewusst bis heute beibehalten haben – als Überlebensstrategie:

- Ihre zentrale Bezugsperson war zum Beispiel Perfektionist. Weil das Kind es dieser Person, egal was es tat und leistete, aber nie recht machen konnte, verlor es schon in frühen Tagen die Lust an Leistung. Weil es lernte:»Wer nichts macht, macht auch keine Fehler.« Manche Elitisten rechtfertigen mit diesem Slogan heute noch ihre selektive Untätigkeit. Übrigens: Diese Entwicklung *kann*, sie *muss* nicht einsetzen. Nach US-Wissenschaftlerin Emmy Werner[10], die das ausführlich erforscht hat, sind rund ein Drittel der Kinder resilient gegen solche Erziehungseinflüsse. Das gilt für sämtliche frühkindlichen Einflüsse, auch für die folgenden.

- Leistung wurde nie (ausreichend) belohnt und anerkannt, weil die Bezugsperson selbst Elitist war oder noch ist. Das Kind lernte am Vorbild und folgt ihm heute noch, als Erwachsener – völlig unbewusst.

- Selbst kleine Erfolge des Kindes wurden unspezifisch, pauschal, abstrakt und stark unverhältnismäßig gelobt und mit der Persönlichkeit des Kindes, nicht mit seiner Leistung verknüpft: »Das hast du super gemacht! Du bist so eine tolle Sängerin!« Jeder weniger tolle Erfolg bedroht – aus der begrenzten Sicht des Kindes – diesen Charakterstatus, weshalb viele Kinder lieber nicht mehr leisten oder zu schummeln beginnen.

- Das Kind war die ersten Jahre ein Spitzenleister auf einem speziellen Gebiet, weshalb es alle überschwänglich lobten: »Du bist ein kleines Genie!« Genie hält aber nicht ewig. Meist muss bloßes Talent beim Übergang von einem Lebensabschnitt zum anderen mit Lernen ergänzt werden, zum Beispiel beim Übertritt von der Grund- an eine höhere Schule. Viele kleine Genies scheitern daran, weil sie unbewusst Statusverlust fürchten: »Wer büffelt, lernt, trainiert und übt, ist ja kein Genie mehr!« Die US-Wissenschaftlerin Carol Dweck[11] hat dazu ausführlich geforscht und dieses Mindset zum Beispiel auch bei vielen brasilianischen Fußballprofis festgestellt, die Trainer in aller Welt mit ihrer Trainingsunlust in den Wahnsinn treiben.

Das sind nur vier von vielen »früheren Verhältnissen«, die eine »innere Deformierung« bewirken – um Maaz' Worte zu wählen – die wiederum einen Wiederholungszwang auslösen können (nicht müssen). Wobei die Wiederholung der unbewussten Intention dient, das Kindheitstrauma »aber dieses Mal« zu einem guten Ende zu führen. Doch es kann gar nicht funktionieren: Niemand kann heute das Gestern ändern (nicht durch bloße Wiederholung der auslösenden Situation). Deshalb wirkt und plagt der Zwang immer weiter, was uns zwei Perspektiven eröffnet:

• Wenn wir mit Elitisten leben und arbeiten (müssen, wollen), entlastet die Kenntnis des Wiederholungszwangs unsere Beziehung zu ihnen. Wenn ich über diesen Zwang rede, sagen viele Zuhörer spontan: »Ach, der/die Arme!« Mitgefühl ist besser als Wut, Zorn, Vorwürfe, Appelle und Frustration. Weil Mitgefühl nicht eskaliert und eine Lösung wahrscheinlicher macht als ein Konflikt.
• Wer selbst Elitist ist, kann, darf und sollte Hoffnung schöpfen: »No trait, but state«, wie die Amerikaner sagen. Elitismus ist kein Charakterzug (trait), sondern ein Zustand (state). Und dieser lässt sich, zwar nicht ohne Aufwand, aber durchaus ohne Weiteres, ändern – und nicht nur in einer Psychotherapie.

Es gibt Menschen, die jede psychogene Erklärung für Elitismus ablehnen. Ich respektiere das, weil ich es interpretieren kann: Auch daran erkennen wir Elitismus.

Eingefleischte Elitisten wollen nicht wissen, warum sie Leistung ablehnen und warum sie so handeln. Da der Wiederholungszwang unbewusst ist, wird er meist verdrängt und die Verdrängung tabuisiert. Leistungsträger leiden nicht an dieser tabuierten Verdrängung und sind deshalb offen für jedwede Erklärung; sie verdrängen oder tabuieren nichts, was ihnen (Fehl-)Leistung erklären könnte. Im Grunde entspricht das dem Prinzip des wissenschaftlichen Vorgehens: Keine These, keine Erklärung, keine Hypothese darf und wird a priori, prima facie oder kategorisch verworfen. Erst einmal wird immer alles zugelassen und geprüft. Anders hätten wir es nie raus aus dem Neandertal geschafft, weil irgendein Schlaumeier dann auch erst mal das Rad verworfen hätte ...

WIR GETRIEBENEN: DER STRESS DES LEBENS

Wir haben gesehen: Menschen werden zu Elitisten, weil sie die Kritik von anderen dazu treibt, oder ihr schwaches Ego, der Leistungsdruck, der hedonistische Lifestyle, die Überforderung oder der Wiederholungszwang. Wird die Kritik zu heftig, das Ego zu schwach, der Leistungsdruck subjektiv zu hoch, erfüllt die aktuelle Aufgabe, Arbeit oder berufliche Tätigkeit nicht die Erfordernisse des aktuellen Lifestyles, macht sich empfundene Überforderung breit oder wird der Wiederholungszwang getriggert (ausgelöst), dann vermeiden diese Menschen Arbeit und werten jene ab, die sie erledigen. Zugegeben, das scheint schon leicht neurotisch, nicht ganz normal.

Konzedieren wir für einen Moment, dass diese alltägliche Verrücktheit recht nah an eine besonders aparte Form modernen Wahnsinns heranreicht, könnte der Eindruck entstehen, dass Leistungsvermeider die einzigen Verrückten in unserer Gesellschaft seien. Hier stehen wir normalen, vernünftigen, leistungsorientierten Menschen, und dort drüben in der Schmuddelecke die bösen Elitisten. Das ist natürlich Unfug. Es gibt nicht den ewigen Kampf zwischen Gut und Böse respektive Leistungsträgern und Elitisten, wir sind ja nicht in Hollywood. Was wir allein daran erkennen, dass auch viele Leistungsträger, auf gut Deutsch, einen Hau weghaben. Wovon wir alle täglich Zeuge werden.

In Ihrem wie in meinem Umfeld begegnen wir täglich Workaholics, Pedanten, Perfektionisten, Haarspaltern, Burnout-Kandidaten, Übererfüllern, Superstars, Selbstdarstellern, Submissiven, Überanpassern, Berufspessimisten, Erfolgs- und Adrenalinjunkies, Kontrollfreaks, Berufsparanoikern ... Wir haben uns ausführlich damit beschäftigt, wie ein ganz normaler Mensch zum Leistungsvermeider wird. Es erscheint nur fair, dass wir auch ein kurzes Licht darauf werfen, wie aus einem ganz normalen Menschen ein Perfektionist oder Overachiever wird. Die Transaktionsanalyse erklärt das eingängig. Eric Berne entwickelte sie den 1950er-Jahren[12]. Ihr Antreiber-Konzept erklärt anschaulich, was Menschen unbewusst in den Leistungswahn treibt. Fünf der häufigsten Antreiber sind:

1. Be Perfect! Sei perfekt!
2. Be Strong! Sei stark!
3. Please Others! Mach es anderen recht!
4. Hurry Up! Beeil dich!
5. Try Hard! Streng' dich an!

Wer von diesen Antreibern geritten wird, verwandelt sich in einen Getriebenen und

1. verausgabt sich bis zur Selbstaufgabe für Ergebnisse, die in derart umfänglichem Aufwand, Umfang, Breite und Tiefe niemand verlangt, erwartet oder überhaupt gebrauchen oder bezahlen kann.

2. lehnt fremde Hilfe größtenteils ab, macht fast immer fast alles alleine, weil er/sie stark sein muss (sagt der innere Zwang, der Antreiber) und deshalb auch seine Bedürfnisse, seine Gesundheit und seine Gefühle ignoriert und sich damit ruiniert.

3. reibt sich in dem vergeblichen Bemühen auf, es anderen recht machen zu wollen. Wie das Sprichwort schon sagt: Man kann es eben nicht immer allen recht machen.

4. muss seine Aufgaben stets im Galopp erledigen. Oft leiden gestresste Menschen eben nicht unter schicksalhaft gegebener Zeitnot, sondern unter »Hurry Up«!

5. ist mit einer Arbeit erst zufrieden, wenn er/sie sich völlig verausgabt hat. Was Spaß macht und ihm/ihr leichtfällt, zählt für ihn/sie nicht als Leistung (selbst wenn er/sie darin besonders gut ist).

LEISTUNGSSTARK? GETRIEBEN!

Viele, die sich für leistungsstark halten und von anderen für leistungsstark gehalten werden, sind im Sinne der Transaktionsanalyse Getriebene – und fühlen sich auch so: bei allem Erfolg und aller Anerkennung von außen doch im Innersten getrieben, gestresst, oft insgeheim am Ende ihrer Kräfte. Das ist für etliche Unternehmen und Familien ein Problem:

Da Antreiber riesigen Stress und Verschleiß provozieren, verausgaben sich Getriebene oft bis zum plötzlichen Leistungseinbruch, bis zum Ausfall, bis zur Zerrüttung von Privatleben, Beziehung und Familie, zum fatalen Fehler oder physischen Zusammenbruch (Burn-out). Oder sie sind im Hinblick auf die kollektive Leistung eines modernen Arbeitsteams eher Leistungsbremsen: Der Perfektionist zum Beispiel will unbedingt Perfektion, auch wenn sie nur aufhält, nichts bringt und der Kunde sie weder will noch bezahlt.

Der »Be Strong!«-Kandidat hält Team- und Projektarbeit, Arbeitsteilung und Delegation für überbewertet und stürzt den Laden ständig ins Chaos mit seinen Alleingängen und Soloflügen. Der »Hurry Up!«-Typ geht allen auf die Nerven mit seiner ständigen Hektik und Stresserei, die sachlich völlig unnötig ist, das Arbeitsklima ruiniert und massig Fehler provoziert. Und so weiter. Deshalb heißen die Antreiber auch Antreiber – und nicht Leistungsfaktoren. Weil sie zu enormem Aufwand antreiben, der mit echter Leistung, zählbarem Output und vorweisbaren Resultaten im zielorientierten Sinne einer effizienten Arbeit nichts zu tun hat.

Aus diesem Grund scheitern auch Elitisten-Therapieversuche von wohlmeinenden Zeitgenossen nach der Art: »Warum bist du nicht so wie dein Bruder? Der ist doch sehr erfolgreich in seinem Beruf!« Wenn der angeblich vorbildliche Bruder nur deshalb so erfolgreich ist, weil er von einem der fünf Antreiber geritten wird (meist sind es zwei bis drei), dann »riecht« der ermahnte Elitist diese Antreiber natürlich und entwickelt folgerichtig keinerlei Ehrgeiz, sich vom Elitisten in einen Leistungsmaniker zu verwandeln. Weil er nicht so getrieben sein möchte wie sein Bruder. Weil er denkt, es gäbe nur diese beiden Optionen. Dass es zwischen Leistungsverweigerung und Getriebensein ein gesundes Feld vernünftiger Leistung, ja Höchstleistung gibt, erkennt er nicht. Diese Intervention lässt ihn das auch nicht erkennen.

Sinnvoller als einen Elitisten aufzufordern, doch mehr zu sein wie ein vorgebliches (getriebenes) Vorbild, ist es, den Elitisten dabei zu unterstützen, seine eigenen Antreiber zu entdecken.

UNENTDECKTE ANTREIBER

»Antreiber« hört sich sehr aktiv und agil an. Wir assoziieren damit automatisch Leistung. Dass jeder Antreiber nicht nur zur Überleistung provozieren kann, sondern auch zu deren Gegenteil, schenkt uns Einblick in einen weiteren Faktor der Elitisten-Metamorphose. Verdrehen wir die obigen fünf Antreiber nämlich in ihr Gegenteil, erhalten wir genau das, was uns (und sich selbst) Elitisten den lieben langen Tag an Ausreden anbieten, wenn es um Arbeit, Leistung und Erfolg geht:

1. »Ach, das geht schon so. Das muss nicht perfekt sein.« Wer redet denn davon, dass die abgelieferte Arbeit perfekt sei? Im vorliegenden Zustand ist sie noch nicht einmal brauchbar!
2. »Könntest du mir mal ...? Ich schaff das nicht alleine.« Nee, du könntest das sehr wohl alleine stemmen – die gleiche Aufgabe erledigen andere ja auch aus eigener Kraft. Außerdem hast du das früher auch schon ganz gut selbstständig geschafft. Du willst das jetzt bloß nicht.
3. »Also, mir genügt dieses Ergebnis.« Und denen, für die es gedacht war? Hast du die schon gefragt?

4. »Das hat noch Zeit.« Hallo? Das ist in zwei Tagen fällig und du hast noch Arbeit für drei!

5. »Das ist aber anstrengend.« Und wenn es anstrengend ist, lässt man es lieber, weil echte Anstrengung nicht zur »Alles cool, Mann! Alles locker!«-Haltung passt.

Was Antreiber angeht, gibt es keine wesentlichen Unterschiede zwischen Pseudo-Elite und Leistungsmanie: Es ist sehr schwer, einen Getriebenen, egal welcher der beiden Extreme, davon zu überzeugen, dass er sich gerade nicht »normal« verhält, sondern über- oder untertreibt, weil er sich in den Fängen seines jeweiligen Antreibers oder seiner jeweiligen Antreiber befindet. Gleichzeitig ist diese Erkenntnis, diese Selbstreflexion die erste zwingende Voraussetzung, die *conditio sine qua non*, damit ein Getriebener von seinem Antreiber-Trip herunterkommen kann: Selbsterkenntnis ist der erste Schritt zur Besserung. Ein zunächst unbewusster Antreiber, den der Betroffene bewusst erkennt, kann weder den Elitisten noch den Leistungsmaniker länger aufs Kreuz legen. Deshalb ist das Antreiber-Konzept in vielen Programmen der betrieblichen Weiterbildung und der Personalentwicklung von modernen Unternehmen zentraler Bestandteil.

Ich würde mir wünschen, dass es bereits im Kindergarten und an Grundschulen vermittelt und vor allem in der praktischen Alltagsanwendung trainiert würde. Man kann die Elitisten- und Burn-out-Impfung nicht früh genug ansetzen. Wie impft man?

Ich möchte nicht im Feld der Personalentwickler, Trainer, Coaches, Erzieherinnen, Pädagogen, Organisations- und klinischen Psychologen wildern, aber: Es gibt Dutzende Methoden und Techniken, mit denen ein versierter Fachmann, eine erfahrene Fachfrau das Regime der Antreiber beenden oder zumindest verkürzen kann. Eine ganz simple Technik ist zum Beispiel das Rollenspiel, das viele aus betrieblichen Seminaren und Fortbildungen kennen. Besonders illustrativ und heilsam ist ein Rollenspiel, in dem der Angetriebene die Rolle seiner üblichen Opfer übernimmt: »Wie würdest du dich fühlen, wenn dein Kollege dir sagt: ›Ach, das hat noch Zeit!‹, und der Endtermin droht?« Die Reaktion der anderen Seminarteilnehmer sowie die eigene Erfahrung plus die Reflexion derselben durch anleitende Fragen des Seminarleiters führen in den meisten Fällen zumindest zu einer erweiterten Sensibilisierung oder gar Einsicht in die Problematik. Trainer berichten mir auch von spontanen »Erweckungserlebnissen« der geläuterten Elitisten: »Oje, mir war nicht wirklich klar, wie übel das andere aufnehmen können! Wie kann ich das abstellen?«

GEFEIERT UND UMJUBELT: DIE EDEL-ELITISTEN

Warum gibt es das Problem mit der Pseudo-Elite überhaupt noch? Wenn Elitisten so wenig leisten und uns so heftig auf die Nerven gehen – warum haben wir sie dann nicht längst auf ihr Zimmer geschickt, aus dem Team verwiesen, aus der Mannschaft geworfen? Weil uns eben nicht alle Elitisten nerven. Ganz im Gegenteil. Eine ganz besondere Gattung von Elitisten nervt uns nicht nur nicht. Sie begeistert uns – auch wenn diese Begeisterung meist nur kurzfristig ist, weil sie auf einer Täuschung beruht. Das Problem ist: Den Elitisten gelingt diese Täuschung erstaunlich oft. Sie täuschen Attraktivität vor.

Wie? Elitisten sind attraktiv?

Nicht alle Elitisten, aber einige. Nennen wir sie Edel-Elitisten.

Franks stellvertretender Hauptabteilungsleiter zum Beispiel ist der perfekte Edel-Elitist: Er lebt für den Beifall seiner Kollegen, Kunden und Vorgesetzten. Ist der Hauptabteilungsleiter auf Reisen oder in Urlaub und weht zufällig ein großes Vorhaben ins Haus und weiß deshalb keiner so recht, wie man dieses Vorhaben technisch und organisatorisch stemmt, dann reißt der Edel-Elitist die Show an sich und zieht aber so was vom Leder:

»Kommt, Leute! Kopf hoch! Das packen wir doch! Wir können das, wir sind genau darin spitze, da macht uns keiner etwas vor! Wir werden das Ding schon schaukeln!« Mal ehrlich: Wer ließe sich davon nicht mitreißen?

Ja, klar: die Zyniker, Skeptiker und Oberbedenkenträger. Und jene Menschen, die über ein Gedächtnis verfügen. In Franks Fall ist das rund ein Viertel der Abteilung. Drei Viertel dagegen gehen bei diesen Motivationsansprachen des stellvertretenden Hauptabteilungsleiters regelmäßig mit und lassen sich vom Enthusiasmus des Muster-Elitisten begeistern – oder eben täuschen. Das macht die Attraktivität von Edel-Elitisten aus: Sie sind »bigger than life«.

Sie wirken einzigartig oder überzeugend. Man kann sich schlecht ihrem Bann entziehen. So ergeht es auch Franks Abteilung: Die »Auf zu neuen Ufern!«-Reden sind so ansteckend, dass sich eben drei Viertel von Franks Kollegen trotz negativer Erfahrungen in der Vergangenheit doch immer wieder von ihm mitreißen lassen.

Nur Frank und einige wenige Kolleginnen und Kollegen sagen nach dem »Motivationsmeeting«: »Wie sollen wir on budget bleiben, wenn wir noch nicht einmal übers Budget geredet haben? Wie on time, wenn er kein Wort zum Zeitplan gesagt hat? Und wie on target, wenn er mit dem Auftraggeber keine Auftragsklärung macht? Was nützt die ganze Begeisterung, wenn wir in der Sache keinen Deut weitergekommen sind?« Gute Frage.

Ein Mensch, der für Beifall, Anerkennung, Status und Distinktionsgewinn lebt (und nichts davon mit Leistung in ursächliche Verbindung setzt), stellt sich diese Frage nicht. Er will nur eines: Beifall! Den hat der stellvertretende Hauptabteilungsleiter während des Meetings reichlich erhalten. Die Leute haben ihm frenetisch applaudiert. Damit ist der Fall für ihn erledigt, sein persönliches Ziel erreicht, sein leitendes Motiv befriedigt, sein Nutzen hergestellt, sein Bedürfnis gestillt. Dass er mit seiner Rede die Sache, den Auftrag, die Arbeit, das Projekt keinen Deut vorangebracht hat, stört ihn nicht. Er nimmt es noch nicht einmal wahr.

Das sagt er sogar *expressis verbis*, wenn man ihn darauf aufmerksam macht, dass seine Hauptabteilung gerade verzweifelt rudert und nicht weiß, wo vorne und hinten ist: »Wieso das denn? Ich habe die doch so richtig vom Hocker gerissen, in Schwung gebracht und auf Schiene gesetzt!« Ja, ja und nein. Ja zum Hocker, ja zum Schwung, aber nein zur Schiene.

Von »auf die Schiene gesetzt« kann keine Rede sein. Er hat ihnen keine Orientierung gegeben, keine Richtlinien, keine konkreten Ziele, Termine, Vorgaben oder Meilensteine vereinbart.

Schon eine halbe Stunde nach dem Hurra-Meeting fragen selbst viele der Mitjubler in der Hauptabteilung: »Und wie machen wir das jetzt konkret? Welche Maßgaben haben wir? Warum hat er uns nicht gesagt, wie wir das anpacken sollen? So ein Blödmann!« Das ist nicht nett. Zutreffend ist es auch nicht.

Denn wenn der stellvertretende Chef ein Blödmann ist, wie wollen wir dann jene nennen, die ihm eben zugejubelt haben?

Jeder, der einem Gefallsüchtigen zujubelt, festigt dessen Gefallsucht. Denn sie wird ja belohnt! Mit Beifall. Jeder, der auf einen Profilneurotiker hereinfällt, bestärkt diesen in seiner Profilneurose – und macht sich damit selbst zum sogenannten Komplementär-Neurotiker. Neurotiker sind nur mit Komplementär-Neurotikern überlebensfähig, ja denkbar. Jeder, der die beiden Dschungelcamp-Moderatoren nicht mit der Fernbedienung wegklickt, stärkt deren Überzeugung, alles richtig zu machen. Jede, die der Klum beim Runterputzen junger Mädchen zuschaut, begeht Mittäterschaft, macht sich zur Komplizin. Wer mitmacht, hält die Elitisten in Amt, Stellung, Status und Würde – und fügt sich nebenbei immer stärker in die eigene Opferrolle. Warum tun wir es dann? Weil auch Komplementär-Neurosen etwas Unwiderstehliches haben.

Dialog auf dem Campus:

»Ich war bei der Fernsehaufzeichnung! Ich hab' einen der seltenen Zuschauerplätze bekommen! Und stell dir vor, der Bohlen hat mir zugenickt!«

»Der Bohlen ist ein ... (modisches Schimpfwort)!«

»Ja, klar, finde ich auch – aber er hat mir zugenickt! Mir! Der Pop-Titan!«

Der begeisterte Kommilitone studiert Wirtschaft im letzten Semester und das mit guten bis sehr guten Noten – aber von diesem Nicken des Fernsehgottes wird er noch seinen Enkeln erzählen, falls es sie je geben sollte. Im ökonomischen Kontext seines späteren Unternehmens könnte sein Komplementär-Elitismus jedoch Probleme bereiten – das tut er bereits täglich zigtausendfach in der Wirtschaft.

Anlässlich einer Besprechung zu einem laufenden gemeinsamen Projekt meines Lehrstuhls mit einem großen

Mittelständler erzählte mir eine Abteilungsleiterin wütend: »Ich fall' doch jedes Mal wieder drauf rein! Neulich war ich zu einer Vorstandsbesprechung eingeladen. Ich! Als einfache Abteilungsleiterin! Der mächtige Finanzvorstand wollte mir ein ganz besonderes Projekt ans Herz legen, hat er gesagt. Ich war sowas von geschmeichelt. Kaum war ich raus aus dem Sitzungssaal, fiel es mir wie Schuppen von den Augen: Das Projekt ist völliger Mist. Unnötig, überteuert, ohne praktische Nutzanwendung fürs Unternehmen – aber eben gut fürs Image vom Finanzvorstand. Das hätte ich auch gleich in der Sitzung merken und wenigstens mit ihm über sinnvolle Modifikationen verhandeln können. Aber ich war so Promi-blind. Ich dachte nur daran, wie ich nachher allen Kollegen und Kolleginnen von meiner Audienz beim Papst erzähle!« Ich versicherte ihr, dass ihre Selbstvorwürfe überzogen seien – es geht doch vielen so. Das ist ein verbreitetes Phänomen.

Dieses Phänomen ist inzwischen in weiten Teilen der Welt zu einer Art Volkssport geworden, weshalb es auch einen modischen Namen hat: BIRGing: Basking In Reflected Glory – sich im Abglanz des Ruhms anderer sonnen. Und je mehr Menschen sich im Abglanz der Elitisten sonnen, desto weniger haben die Elitisten Lust, irgendetwas an ihrem Verhalten zu ändern. Denn sie bekommen ja, was sie sich wünschen. Wir geben es ihnen. Wir haben die Elitisten, die wir verdienen.

WAHRE GRÖSSE

Wir alle träumen von Bestätigung, Anerkennung, Größe und Beifall. Das ist kein falscher Stolz oder Hochmut, kein Egoismus oder auch nur Egozentrik. Das sind urmenschliche Grundbedürfnisse wie Essen und Schlafen auch. Zum Problem werden all diese schönen Bedürfnisse erst dann, wenn wir versuchen, sie neurotisch zu befriedigen:

- Wenn wir ohne adäquate Leistung nach Beifall gieren oder Gefallsüchtigen applaudieren, um uns mit dem Beifall zumindest auf ihre halbe, eingebildete Höhe emporzuschrauben.
- Wenn unsere Ansprüche an Bedürfniserfüllung in keinem Verhältnis zu unserer Leistung stehen.
- Wenn wir uns ohne jeden Nachweis für etwas Besonderes halten oder jenen beipflichten, die sich ohne adäquate Leistung für etwas Besonderes halten.

Bedürfnisse hat jeder Mensch in unterschiedlichem Maße. Sie können auf zwei Arten befriedigt werden: indem man neurotisch wird oder indem man anpackt. Krass gesagt, hat der Mensch in seinem Leben stets die Wahl zwischen zwei Möglichkeiten: Neurose oder Leistung.

- Ich kann mir durch coole Sprüche Anerkennung und durch Drama-Queen-Gehabe Aufmerksamkeit verschaffen – oder durch echte Leistung.
- Ich kann mich mit Rechthaberei und Angeberei zu etwas Besonderem hochstilisieren – oder durch echte Leistung besonders werden.

Ganz grob gesagt: Die Pseudo-Elite strebt nach Bedürfnisbefriedigung mittels Neurose, die Leistungselite durch Leistung.

Wir alle träumen von Applaus und Besonderheit – und sind damit schon halb auf dem Weg, zu Elitisten zu werden. Das beste Gegenmittel dagegen ist, sich täglich, stündlich echter Größe zu versichern. Und die liegt nun mal nicht in der Neurose, sondern in der eigenen, echten Leistung. Wirklich?

Auch in unserer Anti-Leistungsgesellschaft? Wo Leistungsträger bestraft und Großmäuler belohnt werden? Will man in so einer Gesellschaft überhaupt leisten, arbeiten, Kinder großziehen, leben?

Oder wäre es nicht besser, gleich auszuwandern?

>>I am a rock.
I am an island.<<
Simon & Garfunkel

6 LEBEN IM SEUCHENGEBIET: LEISTUNG MACHT EINSAM

DAS >>SIMON & GARFUNKEL<<-PRINZIP

Wir leben in einem seltsamen Land. Wer seinen Job absitzt, konsequent lediglich Durchschnittliches leistet, sich für Anwesenheit bezahlen lässt und ansonsten Freizeitwert und Status optimiert, gilt als Held. Wer dauerhaft mehr als der Durchschnitt, wer Herausragendes leistet, die Extra-Meile geht, die Spitzenleistung bringt, das Todesmarsch-Projekt übernimmt, die Kastanien aus dem Feuer holt, den Turnaround schafft, bekommt die Ablehnung und Kritik der Durchschnittlichen zu spüren. Wenn ich mit Leistungsträgern spreche, bringen sie immer wieder dieselben Sachverhalte, Beobachtungen und Empfindungen vor:

- Sie leisten überdurchschnittlich viel und ernten dafür unterdurchschnittlich wenig Anerkennung und Berücksichtigung.

- Oft ernten Leistungsträger auch ausgesprochenen Undank für ihre Leistung.

- Leisten sie Herausragendes, werden sie dabei nicht unterstützt, sondern kritisiert, behindert, aufgehalten, mit Bürokratie beworfen.

- Immer wieder werden sie für ihre herausragende Leistung angegriffen, weil sich jene, die weniger leisten, dadurch bloßgestellt fühlen.

- Leistungsstarken werden bei Beförderung, Belobigung, Anerkennung, Aufstieg, Förderung, Weiterbildung, Gehalt, Bonus und Karriere jene vorgezogen, die weniger leisten – aber eine »große Klappe« haben.

- Wir leben nicht in einer Leistungsgesellschaft, sondern in einer Anspruchsgesellschaft: Nicht wer mehr leistet, sondern wer die größeren Ansprüche anmeldet, setzt sich durch.

- Leistungsferne machen Leistungsträgern das Leben schwer, weil sie nicht verstehen, wie herausragende Leistung zustande kommt und deshalb oft kryptische, missverständliche oder sachlich falsche Anweisungen, Korrekturen und Feedbacks geben oder Rahmenbedingungen so setzen, dass Spitzenleistung ver- oder behindert wird.

- Die Pseudo-Elite lässt Hochleister nicht in Ruhe arbeiten, sondern bremst sie mit Regularien, Einwänden, Forderungen, Restriktionen und Auflagen.

- Wenn Leistungswillige etwas leisten, reden ihnen jene hinein, die nichts oder weniger leisten – um den Anschein zu erwecken, bei der Leistungserstellung auch irgendwie beteiligt gewesen zu sein.

- Ist der Leistungsträger erfolgreich, wird der Erfolg oft von jenen, die wenig geleistet haben, annektiert und als eigener verkauft.

- Überdurchschnittliche Leistung wird von hierarchisch Höhergestellten tendenziell als Bedrohung der eigenen

Position empfunden und entsprechend bekämpft; das sogenannte Kronprinzen-Syndrom.

• Herausragende Leistung wird von vorgesetzten Stellen häufig als subversiv stigmatisiert und unterbunden: »Nun machen Sie mal halblang! Seien Sie ein guter Teamplayer! Don't rock the boat!«

Wer solche unerquicklichen Phänomene in Firma und Familie, WhatsApp-Gruppe, Nachbarschaft, Gemeinde, Verein, Politik, in den Medien und in der Gesellschaft miterleben muss, bekommt das Gefühl vermittelt: Wenn du mehr als nötig leistest, bist du ein Außenseiter. Außenseiter werden nicht gemocht. Nicht von den Insidern. Ihre stille und manchmal explizite Botschaft ist: Sei doch kein Außenseiter! Komm zurück zur Herde! Dahinter steht die Botschaft: So, wie du jetzt bist, ist das nicht in Ordnung.

DU DARFST NICHT SEIN, WIE DU BIST

Wer in einer Kultur der Leistungsvermeidung lebt und trotzdem mehr als gerade nötig leisten möchte, fühlt sich über kurz oder lang in seiner persönlichen Entwicklung und Entfaltung eingeschränkt und ausgebremst, in seiner leistungsorientierten Identität nicht akzeptiert, oft noch nicht einmal toleriert, ja nicht selten stigmatisiert, abgewertet und ausgegrenzt. Kein Wunder, dass viele an Emigration in ihren verschiedensten Varianten denken. Die einen denken oft schon längere Zeit daran, das Unternehmen zu verlassen. Andere spielen mit dem Gedanken eines hypothetischen Kulturwechsels. Amerika zum Beispiel ist bekannt für seinen vorwiegend leistungsorientierten Mindset, Japan für die Arbeitsdisziplin seiner Führungskräfte und Belegschaften. Wieder andere denken an oder gehen in die innere Emigration.

Es gibt aber auch Leistungsträger, die allein der Gedanke an diese Emigrationsvarianten wütend macht: »Warum sollte ausgerechnet ich auswandern?«, fragt sich mancher Leistungsträger. »Eigentlich sind die es doch, die auswandern müssten! Wenn alle auswandern, die so viel leisten wie ich, bricht dieses Land zusammen.« Ein klassischer Gedanke. Nach den Sagen der klassisch griechischen Mythologie trägt der Titan Atlas die Erdkugel auf seinen Schultern, weil nur seine Schultern stark genug sind für die Last der Welt. Und schon in der Mythologie hatte er die Schlepperei irgendwann satt und sattelte die erdenschwere Last dem Helden Herakles auf, der zufällig des Weges kam. Der Gedanke ist seither ein aparter: Was, wenn der, der die Last der Welt auf seinen Schultern trägt, irgendwann mit den Schultern zuckt und das Joch abwirft?

DIE ANDERE OPTION: DER FELS IN DER BRANDUNG

Als Leistungswilliger unter Leistungsverweigerern leben? Wie könnte das funktionieren? Simon & Garfunkel, sangen: »I am a rock, I am an island.« Das könnte die andere Option sein.

Geht das? Nicht auswandern, sondern bleiben? Und ein Fels in der Brandung der Leistungsverweigerung sein? Eine Insel des Leistungswillens inmitten eines Ozeans der Elitisten. Einsam, aber leistungsstark. Insulär, aber mit intakter Identität. Isoliert, aber authentisch. Ist das eine gangbare Option?

Was für eine Frage! Viele sind es doch bereits – eine Insel. Zwangsweise. Wer heute seinen Arbeitstag nicht absitzt oder Dienst nach Vorschrift, Arbeit auf Anweisung oder Nine to Five runterreißt, wer nicht auf Work-Life-Balance, sprich Freizeitmaximierung spekuliert, sondern sich richtig reinhängt in seinen Job, seine Aufgabe und seinen Verantwortungsbereich, der und die lebt in vielen Abteilungen, Firmen, Familien und Vereinen bereits inselhaft: ausgebremst von weniger leistungsorientierten Vorgesetzten, die ruhige Kugel schiebenden Kollegen, um Schlag fünf Uhr die Kelle aus der Hand legenden Partnern in der Supply Chain und von Kunden, die für überdurchschnittliche Leistung unterdurchschnittlich bezahlen wollen und dann noch ein halbes Jahr dafür brauchen, bis das Geld auf dem Konto angekommen ist. Ein einsames Dasein.

Wer das nicht möchte, wer nicht wegen der Masse an leistungsneurotischen Lautsprechern in die innere oder äußere Emigration gehen will, hat die Wahl: Er oder sie kann weiter an der Leistungsfeindlichkeit großer Teile der Gesellschaft leiden. Oder Strategien ergreifen, um im Ozean der Leistungsvermeidung doch noch die Leistung zu bringen, die ihm oder ihr vorschwebt. Beim Versuch, auf die Umtriebe der Elitisten zu reagieren, greifen viele Leistungswillige jedoch nicht zu geeigneten, sondern zu eher ungeeigneten Maßnahmen. Ich möchte zunächst einige dieser Holzwege beschreiben, damit sie vermieden werden können.

Vielleicht haben Sie das leidige Spiel schon so satt, dass Sie sich nur noch mit Grauen abwenden und gar nichts mehr sagen. Wenn die Elitisten in Ihrem Umfeld wieder ihr Unwesen treiben, wenden Sie sich ab und schweigen. Das macht auch der Vorgesetzte von Hans, als Hans sich beschwert:»Kollege Meier hat ein neues Notebook bekommen! Für 3000 Euro! Und ich dödle hier noch mit dem alten ... (Markenname) herum, das so langsam ist, dass ich mir während dem Laden der Seiten einen Kaffee machen und austrinken kann!« Vielen und nicht nur Vorgesetzten bleibt bei so etwas der Mund offen stehen.

Weil sie wissen: Kollege Meier bewältigt ein deutlich höheres Arbeitspensum als Hans, betreut 50 Prozent mehr Kunden als Hans und erzielt einen um 30 Prozent höheren Pro-Kopf-Umsatz. Außerdem ist der Hinweis aufs Kaffeekochen haltlos übertrieben: Sein Notebook ist so schnell wie alle Notebooks in der Abteilung. Und das sieht Hans nicht? Da kann man doch nur noch mit dem Kopf schütteln und schweigend von dannen ziehen. Denn die Alternative ist, dem Elitisten zu sagen:»Der Kollege bewältigt ein höheres Arbeitspensum als Sie, betreut mehr Kunden und bringt mehr Umsatz. Er braucht, um dieses Pensum zu schaffen, also nicht nur das modernere, schnellere, bessere Notebook – er spielt die Anschaffung im Gegensatz zu ihnen auch wieder ein. Wenn sie bringen, was er bringt, kriegen sie, was er kriegt.« Das könnte ein Vorgesetzter sagen.

Ein Vorgesetzter könnte außerdem darauf hinweisen, dass das bessere Notebook tatsächlich für die Zusatzleistung gebraucht wird, die Kollege Meier erbringt. Die weniger umfängliche Ausstattung von Hans' Notebook stellt somit keine

Schikane dar. Kollege Meier ist zum Beispiel oft proaktiv beim Kunden vor Ort und macht auch mehr Überstunden. Dafür braucht er ein kompaktes Notebook mit besonders langer Akkulaufzeit. Das alles könnte ein Vorgesetzter vorbringen, um Hans zu erklären, dass er bekommt, was er verdient.

Leider trauen sich viele das nicht.

Denn dann gilt ein Vorgesetzter sofort als »harter Hund«, »Menschenschinder« oder »Sklaventreiber«. Diese charmanten Schmähbegriffe sind zwar unschwer als Elitisten-Propaganda zu erkennen – aber wenn die Elitisten bereits die Meinungshoheit in der Abteilung, der Firma, der Gesellschaft innehaben, traut sich kaum jemand, auf die augenscheinlichen Leistungsunterschiede hinzuweisen, weil dann unweigerlich der Aufstand der Elitisten losbricht. Sagt man etwas, wird man Opfer eines Shitstorms. Sagt man nichts, ist der Leistungsträger vielleicht bald bei der Konkurrenz – oder hat sich nach unten angepasst, während die Ansprüche der Leistungsfremden immer heftiger werden. Kein Wunder, dass viele Chefs da zähneknirschend schweigen. Das ist verständlich, hilft aber langfristig keinem. Auch für diese Malaise gilt der Bürospruch: Etwas tun ist besser als Nichtstun – zumindest für die Leistungsträger unter den Vorgesetzten.

Den Mund aufzumachen ist auch deshalb besser, als zu schweigen, weil viele Elitisten im Anfangsstadium noch zur Einsicht fähig sind: »Ja, okay, dann leistet der Kollege eben mehr. Trotzdem finde ich das unfair.« Das ist zumindest ein halber, ein Anfangserfolg: eingeschränkte Einsicht, aber immerhin Einsicht. Und je häufiger man dem Leistungsvermeider kommuniziert, dass Leistung sich lohnt und Maßstab für die Verteilung von Arbeitsmitteln ist, desto eher kann er sich irgendwann gänzlich zu dieser Erkenntnis entschließen. Wenn man nichts sagt, passiert auch nichts, oder es wird noch schlimmer.

NICHT IMMER, ABER IMMER ÖFTER

Wenn ich mit Leistungsträgern rede, die anderen Menschen sagen, dass sie ihre Ansprüche mit ihrer Leistung in Einklang bringen sollten, höre ich oft:»Ich weiß, dass er weniger leistet, als er könnte. Er weiß es auch. Aber wenn ich ihn darauf aufmerksam mache, ist er deshalb nicht weniger, sondern doppelt sauer auf mich. Was nützt es mir, ihn darauf aufmerksam zu machen, wenn er und viele andere mich deshalb schief anschauen? Dann halte ich doch lieber den Mund.« Das ist verständlich, enthält aber einen Denkfehler: Wenn ich einmal am Tag einem Elitisten sage, dass seine Ansprüche seine Leistung in den Schatten stellen, schaut mich noch keiner schief an.

Es gibt zwar viel üble Nachrede auf der Welt, aber so übel ist die Welt dann doch nicht. Es gibt etliche Vorgesetzte und Mitarbeiter, die Leistungsvermeider auf die Wahrung des Leistungsprinzips hinweisen – und nicht als Sklaventreiber gelten. Weil sie es nicht monoton und pausenlos, sondern taktisch klug machen. Sie machen es nicht immer, sondern in gezielt ausgewählten Situationen. Sozusagen mit mittlerer Dosis und nur dann, wenn es pädagogisch sinnvoll ist.

Außerdem muss und sollte man Leistungsvermeider nicht konfrontativ auf ihre Leistungsvermeidung hinweisen. Viele weibliche Führungskräfte haben das perfekt drauf. Neulich war ich in einem Unternehmen zu Gast, als der Chefcontroller, ein höchst genauer, aber etwas bequemer Zeitgenosse, die aktuellen Zahlen in der Abteilung ablieferte – aber offensichtlich viel zu grob aufgeschlüsselt. Es wäre sein Job gewesen, detaillierte Daten vorzulegen. Das kann er auch. Das lieferte er aber nicht. Die Marketingleiterin hielt ihm das jedoch nicht konfrontativ vor, was ihr gutes Recht gewesen wäre, denn er hielt mit seinem Versäumnis die Prozessabläufe auf und wusste genau, welche Zahlen zur Steuerung der Marketingprozesse nötig sind. Vielmehr sagte sie:»Die neuen Zahlen sind da! Herzlichen Dank, das freut mich. Noch mehr freue ich mich, wenn Sie mir die ersten drei Berichtsbereiche noch runter bis zu den Kostenträgern aufschlüsseln.«

Der Chefcontroller zuckte kurz zusammen, weil er sich offensichtlich ertappt fühlte. Man sah ihm den inneren Kampf an. Dass er die Hasstirade stecken ließ, erklärte er selbst in seiner Antwort an die Marketingleiterin:»Wenn man so charmant darum gebeten wird ... Die Zahlen haben Sie noch heute Nachmittag.« Geht doch. Trotzdem sind solche Situationen belastend.

Nicht nur für den säumigen Chefcontroller, der beim Schummeln ertappt wurde. Sondern und vor allem für die Leistungsträger, die den Vermeider auf frischer Tat ertappen. Die Marketingleiterin sagt:»Bin ich hier die Einzige, die ihren Job macht? Alle anderen machen sich einen faulen Lenz? Und ich muss ständig darauf hinweisen, was geliefert und nachgeliefert werden muss? Das ist so ermüdend.«

Nicht der Aufwand. Es ist nicht der Aufwand, der ermüdet. Es ist die Einsamkeit. Nicht oben ist es einsam, wie der Bürospruch behauptet. Sondern da, wo Leistung erbracht wird. Wenn man Herausragendes leistet und alle anderen machen Dienst nach Vorschrift – da fühlt man sich auf Dauer schon seltsam einsam und überlegt sich ernsthaft, ob man/frau es nicht auch ein wenig lockerer angehen könnte.

INSELN SIND EINSAM

Der einsame Rufer in der Wüste zu sein, macht, wie der Begriff schon sagt: einsam. Viele Leistungsträger halten den Mund, schrauben die eigene Leistung herunter oder verkaufen sich unter Wert, um nicht aus der Sippe des Teams, der Kollegen, der Familie, des Vereins, der Gruppierung, Partei, Schulklasse (»Streber!«) verstoßen zu werden.

Der beste Verkäufer einer Niederlassung für Gewerbebedarf sagt: »Dass ich zum dritten Mal Jahresumsatz-Champion geworden bin, freut mich nur eingeschränkt. Wenn du dauerhaft so viel besser bist als die anderen, glauben die, du hältst dich für etwas Besseres und beginnen, dich zu meiden und heimlich zu sabotieren.« Außerdem: »Seine Arbeit richtig gut zu machen, macht auch eine Menge Spaß. Ganz abgesehen von meinem Jahresbonus. Aber wenn du niemanden mehr hast, mit dem du dich auf deinem Level unterhalten kannst, weil die anderen immer nur über Kunden schimpfen, anstatt bessere Sales Pitches zu diskutieren und immer nur über ihre Wohnmobile und Urlaubsreisen reden, anstatt auch mal über ein gutes Buch zu Gesprächstechniken – da kommst du dir schon wie ein Exot oder ein Nerd vor.«

Der Leistungsträger als Nerd?

So weit ist es mit uns gekommen. Manchmal sagen mir Leistungsträger:»Lieber guter Durchschnitt und Teil einer Gruppe als einsame Spitze und einsam.« Das ist verständlich, aber eben auch ein Holzweg. Ein relativ einfach zu entlarvender und leicht zu verlassender Weg. Manchmal reicht es, wenn man den Leistungsträger fragt:»Möchten Sie wirklich Freunde haben, die so leistungsabgeneigt sind? Kann jemand, der Ihnen vom Wesen her so fremd ist, wirklich ein guter Freund sein? Möchten Sie nicht lieber Gleichgesinnte suchen und finden?« Viele machen das intuitiv.

Auf diese Weise kommen die seltsamsten Freundschaften zustande. Der beste Key-Account-Manager, der einen Federring nicht von einer Unterlegscheibe unterscheiden kann, wird der beste Freund vom besten Ingenieur, der den Unterschied zwischen B-Kunde und Key Account nicht kennt. Warum sind beide so gut befreundet, obwohl sie so verschieden sind? Sie sind es eben nicht. Nicht im Wesentlichen. Beide teilen dasselbe Leistungsethos:»Entweder richtig oder gar nicht!«. Das Leistungsethos verbindet stärker als Gruppen- oder Abteilungszugehörigkeit. Dann ist man vielleicht in der eigenen Abteilung einsam, hat aber viele Freunde in vielen anderen Abteilungen, die genauso denken, fühlen und handeln. Und das sind dann wirklich gute Freunde.

HOLZWEG: ÄRGERN, LÄSTERN, SCHIMPFEN

Was über die Pseudo-Elite geschimpft wird! Verständlich ist das schon: Wenn mir jemand Steine in den Weg legt, wenn ich gerade eine Sache, eine Aufgabe, ein Projekt voranbringen möchte, kann ich auch schon mal die Gardinenpredigt auspacken. Wer sich ärgert, schimpft auch mal. Vielen Leistungsträgern geht es so.

In jedem Meeting in jedem Unternehmen fällt mindestens einmal der Satz:»Immer wenn wir mit einer guten Idee kommen, kommt ihr mit hundert hanebüchenen Gründen, warum das nicht gehen soll!« Das ist ein Ausdruck des Ärgers.

Der Ärger ist nachvollziehbar, doch der Ausdruck desselben wird in aller Regel nicht dazu führen, dass die Bedenkenträger und Bremser aus der Pseudo-Elite sagen:»Tut uns leid, wir sehen's ein und ziehen unsere Einwände vollinhaltlich zurück.« Das habe ich noch nie erlebt.

Wenn ich möchte, dass jemand seine Arbeit macht, halte ich (auch der Beschimpfte) ärgerliche Worte und berechtigte Schimpftiraden für wenig motivierend. Ich weiß, es erfordert viel Selbstbeherrschung, Bedenkenträger und Bremser nicht abzukanzeln, wenn sie mal wieder den ganzen Laden aufhalten. Aber die Beherrschung zu verlieren, ist nicht nur in diesem Kontext ein Holzweg.

HOLZWEG: AUF DIE POLITISCHE LÖSUNG WARTEN

Immer dann, wenn Menschen zum ersten Mal erkennen, dass wir in dieser Gesellschaft ein Heer von Leistungsverweigerern alimentieren, höre ich Vorschläge wie:

- »Aber das Problem dürfen wir doch nicht dem einzelnen Leistungsträger überlassen! Wir brauchen eine politische Lösung!«
- »Es ist Sache der Arbeitgeber, dafür zu sorgen, dass ihre Leistungsträger unterstützt und nicht unterdrückt werden!«

- »Wenn sich Medien und Gesellschaft zum Leistungsprinzip bekennen würden, hätten wir das Problem nicht.«
- »Es muss eine öffentliche Diskussion zum Thema geben!«
- »Wir brauchen einen gesellschaftlichen Konsens darüber, was Leistung ist und was sie uns wert ist.«
- »Es muss ein Kulturwandel stattfinden!«
- »Wir müssen das Bewusstsein für Leistung stärken!«
- »Die Öffentlichkeit ist noch zu wenig für das Leistungsprinzip sensibilisiert.«

Das sind gute Anregungen. Ich unterstütze jede einzelne von ihnen. Ich darf mit diesen Anregungen bloß nicht jenen kommen, die unter der Leistungsindolenz ihrer Mitmenschen leiden. Das macht die meisten sehr wütend. Denn wenn sich zum Beispiel jemand beklagt, dass er sehr viel leistungsfreudiger sei als sein Chef, der ihm ständig Steine in den Weg legt, sollte ich ihm nicht mit öffentlicher Diskussion, Kulturwandel, Bewusstseinsbildung, Sensibilisierung der Öffentlichkeit oder politischer Lösung daherkommen. Das hilft ihm nämlich nicht mit seinem Chef.

Denn weder Sie noch ich können eine »politische Lösung« herbeiführen. Oder einen Kulturwandel. Wir können die Arbeitgeberverbände nicht verpflichten, ab sofort ein vernünftiges Leistungsethos in den Betrieben zu vermitteln. Medien und Gesellschaft können wir nicht ändern. Öffentliche Diskussionen können wir alleine nicht anstoßen – und sie allein bringen noch keine Lösung. Deshalb habe ich Betriebswirtschaftslehre gelernt: Diese Wissenschaft geht davon aus, dass jeder, der ein Ziel hat, es am ehesten unter Aufbietung eigener Leistung erreichen kann – und nicht, indem er darauf wartet, dass sein Umfeld ihm das Ziel seiner Wünsche hübsch verpackt in den Schoß legt.

Ein Problem nicht selbst anzupacken, sondern auf Politik, Arbeitgeber, Medien, Kulturwandel, öffentliche Diskussion, Bewusstseinsbildung, Sensibilisierung oder »die Gesellschaft« zu warten, sich passiv in die Opferrolle zu begeben und nach Big Brother zu rufen, der alles für uns richten soll – erinnert woran? An die Pseudo-Elite. Sie macht nicht, sie lässt machen. Wer auf Big Brother warten möchte, den oder die möchte ich nicht abhalten.

SIE WERDEN GEMOBBT, WEIL SIE LEISTEN?

Kathleen ist Ingenieurin und Mitglied eines modernen, das bedeutet internationalen, das heißt multinational und multikulturell zusammengesetzten Projektteams bei einem Spezialwerkzeugbauer. Ihr Projekt hängt bedrohlich schief, ist zu spät dran und schafft voraussichtlich den nächsten Meilenstein nicht. Während einige ihrer Teamkollegen noch frustriert diskutieren und sich gegenseitig die Schuld zuschieben, nach mehr Zeit, Geld, Ressourcen, nach Zielanpassung und personeller Aufstockung rufen und pünktlich um fünf den PC ausschalten, packt Kathleen an, haut rein, startet eine intensive Fehlersuche, recherchiert aufwendig, holt die Meinung anderer, erfahrener Projektleiter zu den Problemthemen ein und zieht mit all diesen Zusatzanstrengungen dann den Karren aus dem Dreck. Sie hat das in der Vergangenheit schon öfter gemacht, Sie ist sozusagen die inoffizielle Troubleshooterin, die Feuerwehr fürs Projektmanagement in ihrem Bereich. Und was passiert danach, auch wieder nach der aktuellen Rettung?

Zunächst erntet sie kein Dankeschön von den Kolleginnen und Kollegen, die sie mitgerettet hat. Im Gegenteil. Einige von ihnen tun vor Vorgesetzten, Lenkungsausschuss, Auftraggeber und Kunde so, als hätten sie selbst das Ruder herumgerissen. Nebenbei kritisieren sie Kathleen vor diesen Institutionen für Dinge, die so absurd sind, dass Kathleen nicht weiß, worüber sie sich mehr aufregen soll: Über die an den Haaren herbeigezogene Pseudo-Kritik oder über die Frechheit der Leistungsannexion. Ein Kollege kritisiert zum Beispiel den »überzogenen Zeitaufwand«, den Kathleen zur Problemlösung aufgewendet hat: »Wir haben ja auch noch anderes im Projekt zu tun!« Etwas, das wichtiger wäre, als das tote Projekt wieder zum Leben zu erwecken? Eine andere Kollegin bemängelt, dass Kathleen nicht alle Lösungsvorschläge vollständig dokumentiert hat. »Hallo?«, tobt Kathleen. »Ich hatte alle Hände voll zu tun, das Projekt vor den kritisch werdenden Zwischenterminen zu retten – die Dokumentation zur Rettung kann ich auch jetzt noch nachliefern!« Es gibt hierzulande Hunderttausende Menschen, denen das auch heute wieder passiert oder passieren wird: Wer leistet, wird schlechtgemacht. Man spricht nur nicht darüber.

Es gibt auf der einen Seite eine Menge Leistungsträger, die dieses Los leidend, aber geduldig ertragen: »Kann man nichts machen. So sind die Leute halt.« Auf der anderen Seite gibt es Leistungsträger, die das nicht länger mit sich machen lassen. Sie wehren sich gegen die Brems- und Annexionsversuche. Wie? Betrachten wir einige Best Practices, Musterlösungen aus der Praxis für die Praxis.

BEST PRACTICE: LEISTUNGSANKÜNDIGUNG

Nachdem sich Kathleen einige Jahre über die Behinderungs-taktiken und die Erfolgsannexion geärgert und nachdem sie mit einer Business-Coachin geredet hat, kündigt sie ihre Leistungen an. Damit »impft« sie ihre Erfolge gegen Annexion durch die Pseudo-Elite.

Der Elitist schafft diese Impfung, schafft die Ankündigung seiner Leistung in der Regel nicht oder nicht glaubhaft. Er kann nicht wie Kathleen ihrem Vorgesetzten oder dem Lenkungsausschuss (dem obersten innerbetrieblichen Gremium für Projekte) beim Auftreten eines Problems im Projekt im Voraus ankündigen: »Ich setze mich heute noch mit der Technik zusammen, kläre die Beseitigung des aufgetretenen Materialdefekts, stimme das mit unserem Kunden ab, reiche ihnen die korrigierte Projektkalkulation herein und halte sie über alle weiteren Schritte auf dem Laufenden.« Alle diese Leistungen kann der Elitist nicht ankündigen. Er könnte die Leistungen zwar erbringen, dazu wäre er durchaus in der Lage. Aber er hat im Regelfall die Aufgabenstellung nicht so tief durchdrungen, dass er diese Lösungsansätze überhaupt vorschlagen kann. Schon bei der eingestandenermaßen relativ aufwendigen Analyse der Problemlage schaltet sich sein Leistungsvermeidungsinstinkt ein. Diese Leistungen kann deshalb nur Kathleen ankündigen, weil sich nur Kathleen diese Mühe der Analyse und Lösungsentwicklung macht.

Wenn die ganzen Bemühungen dann dank Kathleens überdurchschnittlichem Einsatz Erfolg haben, kann der nicht mehr von jenen, die Dienst nach Vorschrift schieben, annektiert werden. Denn Kathleen hat mit ihrer Leistungsankündigung bereits ihr Etikett draufgeklebt, ihren Claim abgesteckt, den Erfolg gegenüber Vorgesetzten, Auftraggebern, Lenkungsausschuss und Kunden als den ihrigen identifiziert. Wenn ich über diese Best Practice rede, kommt manchmal die Zwischenfrage:»Ja, aber funktioniert das denn wirklich?« Nicht immer. Aber sehr viel öfter, als wenn man sich ohne Gegenwehr von den Elitisten die Butter vom Brot nehmen lässt. Außerdem setzt ein doppelter Lerneffekt ein, der typisch ist für solche Mobbing-Situationen. Einerseits erkennen Vorgesetzte so häufig zum ersten Mal die wirklichen Leistungsträger in ihrem Führungsfeld. Andererseits lernen die Leistungsmobber:»Die lässt das nicht mit sich machen!« Also richten sie ihren Fokus allmählich weg von Kathleen und suchen sich ein neues Opfer. Das arme neue Opfer? Keine Bange.

Kathleen gibt inzwischen über ihre Abteilungsgrenze hinaus anderen Leistungsträgerinnen und -trägern des Unternehmens Nachhilfe in »Wie du deinen Erfolg gegen Großmäuler schützt«. So entsteht mit der Zeit eine Allianz der Leistungswilligen, ein Netzwerk der Leistungsinseln, ein Bündnis von vielen kleinen Inseln im großen Meer der Leistungsindolenz. Leistungsfeindlichkeit ist ein Ärgernis und eine Bedrohung, aber kein Schicksal.

BEST PRACTICE: KONSEQUENZ

Nicht alle Mobber lassen sich durch eine regelmäßige Leistungsankündigung abschrecken. Kathleen hat damit zwar die meisten ihrer Widersacher erfolgreich davon abgebracht, ihre Erfolge zu annektieren. Doch ein besonders bequemer Kollege, der sich notorisch mit fremden Federn schmückt, macht Kathleen noch das Leben schwer. Also setzt sie auf Konsequenzen.

Sie sagt:»Mein Lieber, so geht das nicht. Ich ziehe hier den Karren aus dem Dreck, und du verkaufst das unserem Chef brühwarm als deine Leistung? Wenn du das noch einmal machst, dann setzt es was!« Echt jetzt? Nein, genau das sagt sie nicht. Denn das wäre eine Drohung. Doch (solche flapsigen) Drohungen funktionieren jedoch selten, weil sie meist hohl sind: Es fehlt die konkrete Konsequenz. Konsequenzen sind wirksamer als Drohungen. Außerdem sind Drohungen naturgemäß aggressiv (man riskiert damit bittere Gegenwehr bis hin zum Shitstorm). Dagegen kann man eine Konsequenz auch lächelnd, höflich und freundlich ankündigen.

Das macht Kathleen:»Weil du meinen Erfolg gegenüber unserem Vorgesetzten ganz allein für dich vereinnahmt hast, kannst du deinen aktuellen Investitionsantrag am besten auch ganz alleine aufstellen.« Das kann er natürlich nicht. Er hat dafür bislang immer Kathleen gebraucht. Doch da Kathleen neuerdings konsequent ist, quält er sich jetzt solo mit dem Antrag ab. Er hat dabei genügend Zeit, darüber nachzudenken, ob es auch weiterhin sinnvoll ist, Kathleens Hand zu beißen, die ihn füttert. Eben weil Leistungsvermeider so oft Arbeiten aus dem Weg gehen, sind sie häufig auf die Hilfe von Leistungsträgern angewiesen. Also gibt es immer Konsequenzen, die diese ankündigen und im Ernstfall ziehen können. Ist das nicht ein wenig hart?

Das ist es. Konsequenzen sind eine Eskalationstaktik. Wenn gutes Zureden, wenn moralische Appelle, Leistungsankündigung und »vernünftig miteinander reden« nicht helfen, erweist sich der Leistungsmobber als uneinsichtig. Dann ist die Eskalation in die Konsequenz gerechtfertigt – und meist wirksam. Manche lernen erst, wenn sie die Konsequenzen ihres Handelns zu tragen haben. Dabei sind die

Konsequenzen, die man unter Kollegen setzen kann, selten von drastischer Art. Es ist meist lediglich der Verzicht auf kollegiale Unterstützung. Das ist nichts wirklich Schlimmes. Doch was wäre, wenn keine Konsequenzen gezogen würden? Sich vom Leistungsmobber die Butter vom Brot nehmen lassen und ihm daraufhin trotzdem weiter jeden Gefallen tun, den er einfordert? Das wäre weitaus schlimmer, als selbst eigene Konsequenzen zu setzen.

Doch genau so argumentiert die Pseudo-Elite. Als sich herumspricht, dass Kathleen dem Kollegen die Mithilfe bei seinem aktuellen Investitionsantrag verweigert, kursiert üble Nachrede wie »diese rachsüchtige Bitch« oder auch »Was will die Zicke denn von ihm?«. Wer streut diese üble Nachrede? Natürlich. Die Elitisten in der Abteilung. Dass der Kollege frech Kathleens Erfolg geklaut und sich mit den Leistungen anderer vor Vorgesetzten gebrüstet hat, darüber spricht niemand. Warum auch? Die Pseudo-Elite hält es für selbstverständlich, dass sie fremde Erfolge annektieren darf. Sie fühlt ein Erbrecht auf die Nutzung fremder Erfolge. Sie empfindet Anspruch darauf. Natürlich ist das neurotisch – doch die Erkenntnis dessen fällt in den neurotischen Schatten, wie C.G. Jung es ausdrückte. Der Neurotiker ist der Letzte, der sich für neurotisch hält.

Der einzige Vorwurf, den ich in solchen Situationen erhebe, trifft nicht die Elitisten – dass diese sich beim Erfolgsdiebstahl unmoralisch verhalten, ist offensichtlich und bedarf keines Vorwurfs. Nein, mein Vorwurf trifft die sporadischen Leistungsträger in Kathleens Umgebung, denn auch sie schweigen zu dem Unrecht, das Kathleen angetan wird. Wie soll der gesellschaftliche Wandel jemals vorankommen, wenn nicht einmal wir Leistungsträger uns füreinander starkmachen?

Die offizielle Betriebswirtschaftslehre, die an Wirtschafts-
gymnasien, Hochschulen und Business Schools gelehrt
wird, unterstellt, dass die Abteilungen, Bereiche und Stäbe
eines Unternehmens Hand in Hand arbeiten, um eine Leistung, ein Produkt für den Kunden zum Wohle des Unternehmens und der Shareholder zu erstellen. Praktiker können bei diesem hehren Gedanken ein subversives Kichern
nicht unterdrücken.

Denn die betriebliche Wirklichkeit wird zwar nicht
überwiegend, aber doch häufig von Abteilungsegoismen,
Seilschaften, Schnittstellenproblemen, Ressourcenkämp-
fen, politischen Spielchen, Machtpoker, sozialen Prozess-
hemmnissen, persönlichen Animositäten, Spartenreibereien,
Firmen in der Firma, Silos, Karrierekaminen, Entscheidungs-
arthrosen, Kommunikationspathologien und Innovationsfrik-
tionen stark beeinträchtigt, wenn nicht determiniert: Das alles
sind Leistungskiller par excellence. Das muss auch Hartwig
erfahren.

Er soll als Teamleiter ein neues Produkt für das Smart
Home an den Markt bringen. Er selbst ist kein Entwickler,
sondern Software-Spezialist. Also sind im Projektplan fünf
Wochenstunden vorgesehen, welche die Abteilung Forschung und Entwicklung (F&E) zur Verfügung stellen soll.
In der Praxis tut sie das aber nicht. Der Entwicklungsleiter
sagt Hartwig: »Tut mir leid, aber zwei meiner Leute sind
krank, drei sind im Urlaub und die anderen sind total ausgebucht! Vielleicht in ein paar Wochen ...« Hartwig könnte
nun Dienst nach Vorschrift schieben und der Geschäftsleitung signalisieren: »Wegen Ressourcenengpässen bei der
Abteilung F&E verzögert sich das Projekt um sechs Wochen.« Schließlich kann Hartwig dem F&E-Leiter keine An-

weisungen erteilen, das kann nur die Geschäftsleitung. Soll die sich darum kümmern – könnte Hartwig denken, wie viele seiner Kollegen in ähnlichen Situationen. Aber er möchte die Leistung trotzdem unbedingt erbringen:»Das ist mein Job, dafür werde ich bezahlt – und nicht dafür, dass sich andere darum kümmern.«

Also bypasst er den F&E-Leiter. Er umgeht ihn und wendet sich direkt an einen Entwickler, mit dem er einmal die Woche beim Betriebssport Fußball spielt. Er sagt:»Hör mal, unter der Hand, dein Chef darf das nicht erfahren: Aber du brauchst doch für die passende Steuerung zu unserem Projekt sicher nicht fünf Stunden die Woche?« – »Nee«, sagt der Entwickler.»Das konstruiere ich dir so nebenher, kein Ding, das bleibt unter uns. Dafür tust du mir auch mal einen Gefallen.« Unter Leistungsträgern versteht sich das von selbst. Das Prinzip dahinter nennt sich Reziprozität: Wie du mir, so ich dir, oder in diesem Fall: Eine Hand wäscht die andere.

Als Hartwig für sein Produkt einen halben Tag das Versuchslabor braucht, sagt ihm der Laborleiter:»Reichen Sie einen offiziellen Nutzungsantrag ein – aber wir sind auf zweieinhalb Monate ausgebucht.« So sieht es der offizielle Dienstweg vor. Deshalb nutzt Hartwig den »kleinen Dienstweg«. Er schaut sich die Warteliste vom Labor an und klappert dann die Wartenden ab. Auf Rang drei der Liste steht eine Kollegin mit ihrem Projekt. Sie sagt:»Geht klar – wir nehmen euch zu uns rein. Wie sich herausgestellt hat, brauchen wir nicht die komplette Laborzeit, weil wir in der Entwicklung schon weiter sind als gedacht. Zeit ist also übrig. Die kriegt ihr.«

Eigentlich kennt dieses Prinzip jeder Praktiker. Es wird lediglich in der offiziellen Unternehmensorganisation, aber auch in Medien, Öffentlichkeit und Politik tabuiert oder ignoriert. Würden morgen Bypass und kleiner Dienstweg abgeschafft, würde übermorgen die Weltwirtschaft zusammenbrechen. Oft sind Unternehmensstrategien und strategische Projekte a priori nicht über die offiziellen Kanäle eines Unternehmens realisierbar, sondern nur über den kleinen Dienstweg. Natürlich kann und wird dieser auch für krumme Touren, Abgasskandale, Korruption, Mauschelei und Betrügereien missbraucht. Doch dafür kann der kleine Dienstweg nichts. Er ist schlicht ein Weg. Was dort passiert, hängt von denen ab, die darauf gehen. Also können neben Betrügern auch Leistungsträger darauf gehen. Das tun sie. Immer dann, wenn sie auch in einer leistungsschwachen bis -feindlichen Umgebung dem Leistungsprinzip treu bleiben wollen. Manchmal ist herausragende Leistung nur auf dem kleinen Dienstweg zu erreichen. Weil die informelle Organisation sehr viel leistungsfähiger und -williger, flexibler, agiler, kreativer und innovativer ist als der offizielle Dienstweg, das Organigramm und die formelle Organisation. Manchmal werde ich gefragt: Wenn das so ist, warum organisieren sich dann nicht komplette Unternehmen nach den Prinzipien des kleinen Dienstwegs?

Was tippen Sie?

Gut geraten: Das würden viele Geschäftsleitungen liebend gerne, doch die Elitisten verhindern es. Natürlich hätte auch der erwähnte F&E-Leiter zu einem seiner Entwickler sagen können: »Bringen sie diese Anfrage doch bitte irgendwie unter – ich unterstütze sie dabei.« Auch der Laborleiter hätte Hartwig sagen können: »Ich weiß nicht wie, aber wir bringen das sicher noch unter – indem wir die Nutzungspläne des Labors und die Umrüstzeiten zwischen den einzelnen Nutzungen optimieren.« Aber dann hätte der Laborleiter eben genau das tun müssen: Pläne ändern und

Umrüstzeiten effizienter organisieren.»Das kann man nicht auch noch von mir verlangen!«, klagt er zu Hause seiner Frau. Denn das wäre dann keine ordentliche Leistung, sondern eine außerordentliche. Und die möchte er sich nicht abverlangen. Hartwig dagegen verlangt Außerordentliches von sich. Hartwig ist Hochleister.

DIE KULTURELLE PERSPEKTIVE: ELITISTEN SIND AUCH NUR MENSCHEN

Sitzen eine Handvoll Leistungsträger zusammen und kommt die Rede – was fast zwangsläufig und mit unschöner Regelmäßigkeit der Fall ist – auf die neuesten Taten der Leistungsverweigerer, Quertreiber und Minderleister, gehen die Wogen regelmäßig hoch. Es kommen die üblichen Klagen:

• »Wie kann man bloß so passiv sein?«
• »Ich verstehe solche Leute einfach nicht.«
• »Wer nichts leistet, sollte zumindest die Klappe halten.«
• »Was bilden die sich ein?«

Dieser Frust ist verständlich und berechtigt. Folgt auf das Frustbekenntnis jedoch nichts mehr, stellen sich die Gefrusteten auf eine Stufe mit den Elitisten: Auch sie halten sich für etwas Besseres. Auch sie grenzen sich vehement gegen alle anderen ab.

Es ist leicht, menschlich und nachvollziehbar, sich über die Pseudo-Elite aufzuregen, sie abzuwerten und zu stigmatisieren. Und das mit jedem moralischen Recht: Wer auf seine Privilegien pocht, aber seine Pflichten vernachlässigt, steht moralisch auf verlorenem Posten. Dem Betreffenden dies jedoch via Vorwurf um die Ohren zu hauen, nützt leider nichts. Im Gegenteil. Es fördert seine Trotzhaltung und treibt ihn nur noch tiefer hinein in seine Leistungsindolenz. Und bringt jenem, der ihn da hineintreibt, rein gar nichts. Wer sich über die Pseudo-Elite aufregt, nur aufregt und ausschließlich aufregt, verdammt sich selbst dazu, sich immer weiter aufregen zu müssen. Ich möchte das keinem nehmen – aber etwas geben: einen alternativen Ansatz. Eine kulturelle Perspektive.

DIE KULTUR DER KOMFORTZONE

Natürlich ist es lästig und ärgerlich, wenn ein Kollege, wenn halbe Abteilungen, wenn einzelne Vereins- oder Familienmitglieder, wenn viele aus der politischen oder aus der Wirtschaftselite nicht das tun, was eigentlich ihre Aufgabe ist und was sie aufgrund ihrer Fähigkeiten gut leisten könnten. Man könnte deshalb auf ihr Verhalten mit Unverständnis reagieren, sie beschimpfen und ausgrenzen. Das könnte man. Da wir das alle bereits seit Jahren so gut können, wäre es vielleicht sinnvoll und auf jeden Fall nützlich, einmal eine andere Perspektive einzunehmen. Mir fällt dazu ein Kalauer ein.

Schwimmt ein älterer Fisch zwei jüngeren entgegen, die er betont jugendlich begrüßen möchte: »Hey Jungs, wie ist denn das Wasser heute?« Die beiden schauen ihn stumm und mit großen Augen an. Der ältere Fisch schwimmt peinlich berührt von dannen. Da wendet sich der eine junge Fisch dem anderen zu und fragt: »Was um Himmels willen ist ›Wasser‹?«

Dieser Kalauer wird von besonders behutsamen didaktischen Ansätzen oft benutzt, um das Konstrukt und den Begriff »Kultur« einzuführen. Er vermittelt die Botschaft: Worin man sich sein ganzes Leben lang wie selbstverständlich bewegt, das nimmt man nicht mehr als solches wahr. Wasser zum Beispiel. Oder Kultur. Oder auch Identität, Selbst- und Rollenverständnis, Vorlieben, Abneigungen, Gewohnheiten. Was man selbst unreflektiert für »normal« hält, von dem nimmt man un(ter)bewusst an, dass es auch für alle anderen selbstverständlich ist. Oder wie Mick Jagger in »(I can't get no) Satisfaction« sang: »He can't be a man, 'cause he doesn't smoke the same cigarettes as me.« Einer, der nicht dieselbe Marke wie ich raucht, ist auch kein richtiger Kerl.

Dieser Spruch ist selbst für den geistig Ungeübten klar als völlig unhaltbares Vorurteil erkennbar. Was, wenn unsere Wahrnehmung von den Elitisten ebenfalls mit diesem Vorurteil behaftet wäre? Ich weiß, das ist ein ungewöhnlicher und mutiger Gedanke. Aber heute sind wir mal ungewöhnlich und mutig und ziehen das jetzt durch: Was käme dabei heraus, wenn wir die Pseudo-Elite als eigenständige Kultur betrachten würden?

DARF MAN ELITISTEN VERSTEHEN?

Kein vernünftiger Mensch würde sagen: »Wie können die Russen bloß Wodka statt Wein trinken?« So ist halt die russische Kultur, sehr verkürzt gesprochen. Aber über Elitisten sagen oder denken wir regelmäßig: »Wie kann ein Mensch mit den besten Voraussetzungen bloß derart unter seinen Möglichkeiten bleiben?« Starten wir das Experiment: Tun wir so, als sei der Elitist ein Russe.

Sagen wir nicht: »Dieser Faulpelz!« Denken wir: »Aha, der tut nicht, was er tun könnte – interessante Kultur. Nach welchen Grundsätzen handelt diese Kultur? Was will sie damit erreichen?« Was passiert?

Der Konflikt, die Eskalation, ist erst einmal vermieden. Wer eine andere Kultur verstehen möchte, zettelt keinen Culture Clash, keinen Kulturkonflikt an. Beide Kulturen werden nicht als richtig und falsch, sondern eben als zwei unterschiedliche, gleichberechtigte Kulturen betrachtet. Ich weiß, das erfordert Mut und Mühe. Wem das zu viel ist, der kann sich ja weiter über den jeweils anderen aufregen. Wer dagegen diese Mühe auf sich nimmt, gelangt meist zu interessanten Erkenntnissen.

Helen zum Beispiel hat sich monatelang über Sebastian aufgeregt, der zum selben Zeitpunkt wie sie eingestellt wurde, mit denselben Abschlüssen und fast denselben Noten, also mit praktisch denselben Voraussetzungen. Doch schon nach der Probezeit hat Helen bereits etliche Zusatzaufgaben übernommen wie Teile des Kunden-Supports und des Supplier Developments (Lieferantenschulung) – und Sebastian eben nicht. Sie rotiert bereits auf vollen Touren, während er noch (oder schon?) die ruhige Kugel schiebt. Sechs Monate lang regt sie sich über diesen »Abseiler« und »Nassauer« auf, wie sie ihn nennt – oft auch explizit ihm gegenüber. Was ihn kaltlässt. Es amüsiert ihn sogar oder ruft höchstens eine Trotzreaktion hervor. Weil sie damit nicht weiterkommt, bemüht sie irgendwann den Kultur-Ansatz. Sie betrachtet Sebastian nicht länger als »Abseiler« und »Nassauer«, sondern als Angehörigen einer fremden und exotischen Kultur.

Also schimpft sie nicht sofort wieder »Du Abseiler!«, wenn er sich mal wieder vor Aufgaben drückt, die ein wenig über sein übliches Arbeitspensum hinausgehen. Denn sie möchte die Kultur, die ihr so fremd wie die Kultur eines Aborigines-Stammes ist, doch kennenlernen. Also fragt sie: »Warum willst du das nicht machen?« Sebastian ist zwar überrascht, dass ihn (endlich) jemand danach fragt, folgt aber gerne der Suggestivwirkung der Frage: Wer gefragt wird, antwortet unwillkürlich. Und schon kommt es nicht wie vorher die ganzen sechs Monate lang zum Kulturkampf. Das Gespräch eskaliert nicht – was schon ein Anfangserfolg ist. Nein, Sebastian spricht über seine Motive. Eines davon ist, dass er die ganzen sechs Monate und noch absehbar weitere Monate seine Hochzeit plant und schon beim Hausbau ist. In der Probezeit? Dass das stressig ist, versteht Helen.

Ein weiteres seiner leistungsverhindernden Motive ist, dass er sich in der Übernahme von Sonderleistungen zurückhält, weil er sich von vielen Kolleginnen und Kollegen noch nicht akzeptiert fühlt. Helen grinst: »Kein Ding, dabei kann ich dich unterstützen, ich bin inzwischen bestens vernetzt. Ich führ' dich in die diversen Cliquen und Zirkel ein.« Der Kultur-Ansatz hat sich schon gelohnt, und zwar für beide. Helen regt sich weniger auf, und Sebastian übernimmt jetzt mehr Aufgaben. Und nicht nur, weil er Helen dankbar ist.

Ich weiß, dieser Ansatz geht eingefleischten Leistungsträgern, die sich seit Jahr und Tag über »ihre« Elitisten echauffieren, schwer gegen den Strich. Ich möchte es niemandem nehmen, sich weiterhin über Leistungsvermeider aufzuregen. Aber vielleicht wär' ja mal was Neues ganz erfrischend?

WAS IST MIT DENEN, DIE NICHT LEISTEN KÖNNEN?

Wenn ich mit Menschen über Leistung spreche, was in letzter Zeit häufiger passiert, toben viele spontan los und regen sich über die Elitisten in ihrem Umfeld auf. Andere fühlen sich unter Druck gesetzt: »Aber was, wenn es nicht daran liegt, dass ein Mensch bestimmte Aufgaben nicht tun *möchte*, sondern daran, dass er sie nicht tun *kann*?« Dann ist das natürlich etwas ganz anderes.

Ich kann von keinem Heizungsmonteur verlangen, dass er die Heizung, die er wartet, auch konstruieren kann. Aber das erwarte ich auch gar nicht. Deshalb haben wir ganz zu Beginn einen Elitisten als jemanden definiert, der nicht tut, was er von seinen Fähigkeiten und Voraussetzungen her tun könnte. Angehörige der Pseudo-Elite entwickeln keinen Ehrgeiz, sind mit dem Nötigsten schon zufrieden und bleiben unter ihren Möglichkeiten. Sie vermeiden konsequent Spitzenleistungen. Eigentlich eine einfache Definition. So einfach, dass sie viele missverstehen.

Ein Manager warf mir einmal vor: »Sie wollen wohl, dass wir alle ausschließlich für den Job leben, uns für die Arbeit aufopfern und mit 50 am Stock gehen!« Nein, will ich nicht. Das habe ich auch weder gedacht, noch geschrieben oder gesagt. Ich will nicht, dass sich jemand für den Job oder die Familie, den Verein oder das Regierungspräsidium die Gesundheit ruiniert. Ich wünsche mir lediglich, dass alle das leisten, was sie von ihren Voraussetzungen her und ihrer Situation entsprechend zu leisten imstande sind.

Kürzlich meinte eine Managerin empört: »Es gibt ja auch noch etwas anderes als buckeln, schaffen und schuften!« Habe ich jemals das Gegenteil behauptet? Trotzdem höre ich solche Einwände und Vorwürfe immer wieder.

Solche Einwände und Vorwürfe richten sich nicht gegen meine Ausführungen zur Pseudo-Elite. Sie zeigen vielmehr, wie konfliktbeladen das Thema ist. Es ist geradezu ein Tabuthema. Vor allem in Zeiten, wo Burn-out und Work-Life-Balance Konjunktur haben, in denen Arbeit, Job und Berufswelt immer stärker als Gesundheitsrisiko verteufelt und als Glückskiller stigmatisiert werden. Wer sich heutzutage für gesunde, ehrliche Leistung unter voller Ausschöpfung der eigenen Potenziale ausspricht, der muss ja ein Leuteschinder und Workaholic sein!

Was nicht stimmt, ganz im Gegenteil. Nicht wer sich schont, erreicht die volle Selbstverwirklichung, sondern wer sämtliche seiner oder ihrer Möglichkeiten ausschöpft.

DAS GLÜCK DER LEISTUNG

Häufig und gerne erklären mir Elitisten, dass sie sich Arbeit und Aufgaben verweigern, um sich »besser selbst verwirklichen« zu können. Also: Mountainbiking statt Maschinenmontage, Yoga statt Yield Management, Kajaken statt abends um sieben noch im Büro mit dem CAD-Programm (Computer Aided Design) Bauteile konstruieren. Das leuchtet erst einmal ein. Im Kajak zu paddeln ist sicher selbstverwirklichender als die CAD-Konstruktion von Bauteilen. Ist es das?

Das nimmt der Elitist an – und lebt danach. Und reflektiert es nicht. Wenn ich durch ein Großraumbüro von CAD-Konstrukteuren gehe, übernehme ich manchmal diese Reflexion für ihn. Ich sehe, wie er (sie übrigens auch) zusammengesunken vor dem Bildschirm sitzt, die Maus und sich selbst quält, mit dem einzigen rettenden Gedanken im Kopf: »Aber heute nach Feierabend – da lebe ich mich so richtig aus!« Wer will so leben? Wer möchte so arbeiten? Das ist die Kehrseite der Work-Life-Balance mit Schlagseite auf »Life«.

Wer während der Arbeit oder jeder anderen Tätigkeit unter seinen Potenzialen und Fähigkeiten bleibt und »eigentliches« Leben und Selbstentfaltung auf später, den Feierabend, das Wochenende, den Urlaub oder die Rente verschiebt, mag sich dann in diesen angepeilten Zeiten tatsächlich selbst entfalten – aber zuvor und danach bleibt er oder sie doch wieder unter den eigenen Möglichkeiten. Wie wäre es, sich in beiden Bereichen selbst zu verwirklichen? In Work und in Life? Vor allem auch, weil links und rechts vom freizeit-selbstverwirklichenden Elitisten Kolleginnen und Kollegen im CAD-Büro sitzen, die genau das tun: Sie warten nicht auf Feierabend und Mountainbike. Sie leben sich jetzt schon aus. Bei der Arbeit.

Nichts anderes versucht die Leistungselite.

Ich sage, sie »versucht« es, weil Selbstverwirklichung im Job (in der Familie, in Meetings, in Regierungen ...) natürlich deutlich schwieriger zu bewerkstelligen ist als beim Yoga und Mountainbiken. Aber gibt es eine Alternative?

Der Elitist suggeriert: Ja! Der Leistungsträger lebt: Nein! Wenn er etwas macht – sei es beim Yoga oder im Job – möchte er seine Potenziale und Fähigkeiten möglichst oft, möglichst lange und möglichst intensiv einbringen und ausschöpfen. Er orientiert sich also nicht daran, »was erledigt werden muss«. Sondern vielmehr daran, welche seiner Fähigkeiten und Neigungen er möglichst intensiv einbringen kann. Das ist im Sinne des Wortes erfüllend. Unter seinen eigenen Möglichkeiten zu bleiben, ist es nicht.

Elitisten empfinden Leistung meist als Zwang. Leistungsträger empfinden sie als Möglichkeit, sich auszuleben, sich zu entfalten, sich selbst zu verwirklichen. Welche Sichtweise ist attraktiver? Welche ist expansiv, welche kontraktiv? Welche ermöglicht eine Entwicklung, welche beschneidet sie? Welche lässt den Menschen wachsen, welche schrumpft ihn?

Also, wenn ich die Wahl zwischen beiden Sichtweisen hätte ... Hoppla: Ich habe sie ja! Und Sie auch.

>>Man muss das Unmögliche versuchen,
um das Mögliche zu erreichen.<<
Hermann Hesse

7 IST ELITISMUS HEILBAR?

THERAPIE MIT HILFSVERB, ZUCKERBROT UND PEITSCHE

Bei der alltäglichen Konfrontation mit der Pseudo-Elite bekommen viele Menschen den Eindruck: »Kann man nichts machen. Die ändern sich nicht. Denen sind wir hilflos ausgeliefert!« Sind wir nicht. Die Elitisten-Metamorphose ist umkehrbar.

Man kann die Pseudo-Elite zurückverwandeln. Manche Elitisten schaffen das sogar per Eigentherapie, was besonders beeindruckend ist. Für Leistungsträger ist das ein großer Trost: Wir müssen nicht mit der Misere leben.

Ein Projektleiter zum Beispiel, der regelmäßig die besonders schwierigen Projekte abbekommt, litt früher stark unter einigen Elitisten im Team: »Die machten sich selbst so viel Druck, dass sie praktisch handlungsunfähig wurden und etliche Arbeitspakete zu spät, zu teuer oder halbfertig ankamen.« Dem Projektleiter fiel nicht nur auf, dass Elitisten nicht die Leistung bringen, die sie für das Erreichen des Projektzieles bringen müssten. Diese Erkenntnis ist therapeutisch wenig hilfreich. Ihm fiel auch auf: Elitisten reden anders. Es war nur eine Winzigkeit, die ihm auffiel. Doch diese Winzigkeit hat es in sich. Wie der US-Therapeut Steve de Shazer sagte: Es ist der kleine Unterschied, der den großen Unterschied ausmacht.

Dem Projektleiter fiel zum Beispiel auf, dass viele seiner Elitisten häufig Ankündigungen machten wie:»Ich muss erst noch das Design für Projekt X fertigstellen. Dann muss ich den längst überfälligen Investitionsantrag formulieren, und dann muss ich noch die Projektabrechnung der kompletten Abteilungen gegenlesen!« Wir haben bereits in anderem Kontext diskutiert, wie die unbewusste Verwendung des Hilfsverbs »müssen« subjektiv einen Zwang suggeriert, der sachlich betrachtet nicht unbedingt vorhanden sein muss. Jetzt hilft uns das Hilfsverb dabei, Elitisten wieder etwas näher an eine Leistungshaltung heranzubringen.

Albert Ellis, eine andere US-Psychologenlegende und Schöpfer der Rational-Emotiven Verhaltenstherapie (REVT), nennt diese Muss-Sprechweise etwas unfein, aber sehr markant »Mussturbation«. Der so unbewusste wie überbordende Gebrauch des Hilfsverbs »müssen« ist nicht nur Symptom einer ebenso unbewussten Geisteshaltung, sondern gleichzeitig auch Stabilisator, Anker und Zement derselben: Wer so denkt, redet so. Und weil er so redet, denkt er auch weiterhin so – und macht sich auf diese Weise so unbewusst wie erfolgreich dermaßen viel Druck, dass man schon beim Zuhören jeden Leistungswillen verliert: Ich muss, ich muss, ich muss.

Also nimmt der Projektleiter regelmäßig seine Pappenheimer unter vier Augen beiseite und bittet sie: »Sagen Sie das nochmal. Aber jetzt statt mit ›müssen‹ bitte mit ›wollen‹. Also: Ich will erst noch das Design für Projekt X fertigstellen. Dann will ich ...« Zugegeben: Es braucht ein wenig Überredungskunst und eine exzellente Beziehungsqualität, bis ein erwachsener Mensch sein Hilfsverb austauscht. Kinder sind dazu meist schneller bereit. Aber wenn der erwachsene Elitist es dann endlich probiert, beginnt in vielen Fällen die Spontanremission, die Entelitifizierung. Was logisch ist.

Wenn Leistungsdruck zu 90 Prozent im Kopf entsteht, kann man ihn auch zu 90 Prozent im Kopf beseitigen. Natürlich nur dann, wenn er tatsächlich im Kopf produziert wird und nicht in der Realität. Es gibt viele Berufe, Aufgaben, Jobs und Arbeitspakete, bei denen der objektiv messbare und interindividuell vergleichbare Leistungsdruck so real vorhanden ist wie Stuhl, Tisch, Chef. Um diese Fälle geht es mir nicht. Es geht mir um jene häufigen Fälle, wo der Leistungsdruck eben in (großen) Teilen »hausgemacht« ist, im eigenen Kopf entsteht und da schnellstmöglich wieder raus sollte. Wie?

Sprache ist der schnellste Weg zum eigenen Kopf: Der bewusste und gehäufte Gebrauch des Hilfsverbs »wollen« stärkt die Selbstwirksamkeitsüberzeugung eines Menschen. Und wer von seiner Selbstwirksamkeit überzeugt ist, empfindet Leistung nicht als Druck. Wie viele moderne Zivilisationsphänomene ist auch die Elitisierung eine Frage der Hygiene: Wer seine Mentalhygiene vernachlässigt und die falschen Verben benutzt, verwandelt sich eher, leichter und schneller in einen Elitisten.

Auch Verena beteiligt sich an der Entelitisierung ihrer Kolleginnen und Kollegen – mit durchwachsenem Erfolg.

Früher hat Verena versucht, mit den leistungsvermeidenden KollegInnen im Führungsteam vernünftig zu reden:»Sind doch alles erwachsene Menschen! Man muss nur vernünftig mit denen reden.«

Also sagte sie zum Beispiel in Meetings oft, wenn einige KollegInnen sich leistungsvermeidend und endlosdiskutierend im Kreis drehten:»Können wir wieder zum eigentlichen Thema zurückkommen? Ich würde gerne noch über einige offenstehende Punkte reden.« Wie war sie mit dem Erfolg dieser»Man kann doch mit allen Menschen vernünftig reden«-Intervention zufrieden?

Nicht sehr. Sie sagt:»Wenn der Horst sich mal wieder für den Größten hält, redet er minutenlang darüber, welche der vereinbarten Maßnahmen er wie grandios schultern wird – und wir kommen in der Sache keinen Millimeter weiter. Wenn Susi Beifall braucht, leiert sie ein Dutzend Buzzwords runter, die keiner versteht. Und egal, wie oft ich zur Ordnung rufe – die Selbstdarsteller lassen sich nicht bremsen.« Das vernünftige Reden klappt mit Elitisten meist nicht wirklich gut.

Man muss deshalb nicht unbedingt»vernünftig« mit ihnen reden. Man kann auch»elitistisch« mit ihnen reden, das heißt, das offen ansprechen, worum es (dem Elitisten) eigentlich geht – und es geht ihnen eher selten um die Sache, die Aufgabe, die Leistung, das Ziel, die Arbeit. Worum geht es dann? Das sagt uns der Elitist selbst.

Horst zum Beispiel erzählt uns minutenlang, wie toll er die anstehenden Aufgaben erledigen wird. Das macht er ganz offensichtlich so lange, bis ihn alle anderen auch toll finden. Susi reiht so lange ein Fremdwort ans andere, bis sie möglichst viele Meetingteilnehmende möglichst stark damit beeindruckt hat. Also ergeben sich für Verena zwei Interventionsmöglichkeiten:

a) Sie redet nicht »vernünftig« mit ihren Elitisten, versucht also nicht, sie wieder zurück zum Sachthema zu bringen. Sie spricht vielmehr das eigentliche Thema des Elitisten an – und verbietet es: »Horst, bitte hören Sie auf, uns zu beweisen, wie toll Sie sind!« Man könnte das als Peitschen-Intervention bezeichnen.

b) Sie gibt der Elitistin, was sie möchte: »Wow, Susi, Sie kennen sich aber super in der Materie aus! Man merkt halt, dass Sie damit jede Menge Erfahrung haben.« Wenn ein Mensch etwas tut, um etwas zu bekommen, hört er auf, es zu tun, sobald er bekommt, was er will. Das ist die Zuckerbrot-Variante der Intervention.

Wenn Horst auf Intervention A anspricht, erwidert er oft: »Äh, tja, danke für den Hinweis. Ich hab's grad selber nicht gemerkt, dass ich wieder abgeschweift bin.« Häufig fängt er aber nach Verenas sachdienlichem Hinweis erst recht an abzuschweifen, weil er sich ertappt und kritisiert fühlt und sich rechtfertigen möchte. Deshalb hebt er zur Rechtfertigungs-Arie an – doch diese dauert meist auch nicht länger als seine übliche Selbstbeweihräucherung. Verloren ist mit Intervention A also nichts.

Trotzdem ist die Zuckerbrot-Intervention deutlich beziehungsfreundlicher. Verena sagt: »Zuckerbrot wirkt nicht immer – doch du kannst damit nichts falsch machen. Im schlimmsten Fall wirkt die Intervention einfach nicht. Aber es ist immer besser, es zumindest zu versuchen.«

Sowohl Zuckerbrot als auch Peitsche bewirken selten, dass ein Leistungsvermeider nun plötzlich leistet. Aber er beendet wie Horst früher seine Ausschweifungen und wie

Susi schneller ihre Fremdwort-Litanei – damit zumindest andere wieder leisten können. Und damit die Voraussetzung geschaffen wird, dass auch der Elitist wieder leistet: Wer ausschweift oder Fremdwörter auflistet, leistet nicht. Nur wer damit aufhört, kann damit anfangen, zu leisten.

DIE LETZTE KONSEQUENZ

Man kann Elitisten mit Zuckerbrot oder Peitsche darauf aufmerksam machen, dass sie gerade vom Sachthema abschweifen. Dann hört der Elitist damit auf, andere von der Arbeit abzuhalten – seine eigene Arbeit erledigt er deshalb noch nicht unbedingt. Betrachten wir Stefan.

In jedem Meeting weiß er es besser. Was? So gut wie alles. Überall muss er seinen Senf dazugeben. »Aber machen tut er so gut wie nichts«, sagt Verena. »Er weiß alles besser, aber die ganze Arbeit erledigen am Ende meistens wir.« Wenn er mal wieder zu einer Rechthaber-Arie ansetzt, weisen ihn inzwischen etliche Kolleginnen oder Kollegen darauf hin (weil sie die Interventionen A und B von Verena abgeguckt haben). Deshalb werden zwar seine Attacken seltener und kürzer, doch entwickelt er deswegen noch nicht jenes Ausmaß an Engagement, das für eine zieladäquate Leistung nötig wäre. »Wie kriegen wir ihn dazu, dass er die Leistung bringt, die wir brauchen?«, fragt Verena deshalb und mit ihr die halbe Führungsmannschaft.

Mit Rauswurf drohen? Verena kann das rein disziplinarisch nicht und ihr Hauptabteilungsleiter *will* es nicht. Appellieren, mahnen, fordern? Funktioniert nicht. Konsequenzen setzen? Das ist eine Möglichkeit.

Konsequenzen entelitisieren.

Konsequenzen sind eines der stärksten Mittel überhaupt, um das Verhalten von Menschen zu beeinflussen. Wir setzen täglich auf Konsequenzen. Als ein geschätzter Kollege abnehmen wollte, klebte er ein Bild von sich an den Kühlschrank. Auf dem Bild war er in Badehose und mit 20 Kilo Übergewicht zu sehen. So viel wog er vor zehn Jahren und so würde er bald wieder aussehen, sollte er wie bisher weiterfuttern. Er malte sich die Konsequenz seines derzeitigen Essverhaltens aus. Es funktionierte, weil die in Aussicht gestellte Konsequenz Wirkung zeigte. Dass Konsequenzen wirken, wissen wir im Grunde. Trotzdem haben viele Menschen große Hemmungen, gegenüber anderen Menschen, selbst gegenüber Elitisten, Konsequenzen anzudrohen und dann auch zu ziehen. Dieses Komplementärphänomen hält das Elitisten-Phänomen aufrecht. Warum?

Es liegt, wie so oft, an einer kognitiven Verzerrung. Wer sich vor Konsequenzen fürchtet, sieht meist lediglich die Einschränkung, die eine Konsequenz für das Gegenüber bedeutet: Stefan erhält zum Beispiel keine Unterstützung von Verena für sein Produktkonzept. Deshalb zögert Verena, ihm diese Konsequenz in Aussicht zu stellen. Was sie dabei übersieht und was typisch ist für diese kognitive Verzerrung: Verena sieht nur die Konsequenzen für Stefan und übersieht die Konsequenzen, die sie selbst zu tragen hat, wenn sie Stefan keine Konsequenzen androht. Ohne Konsequenzen wird Stefan wie üblich viel reden, viel rechthaben, wenig leisten und die ganze Arbeit Verena überlassen.

Was Verena ebenfalls übersieht, ist die Lernchance, die sie Stefan entzieht, indem sie ihm keine Konsequenz in Aussicht stellt: Er lernt nicht, dass sein Verhalten für andere und für die Sache nachteilig ist. Er kommt ja durch mit seinem Verhalten!

Ein häufiger Einwand gegen das Setzen von Konsequenzen ist auch: »Aber ich bin doch kein Unmensch! Was denkt mein Gegenüber von mir, wenn ich so hart rüberkomme?« Dahinter steckt eine unbewusste Güterabwägung: Wer so redet, für den wiegt der drohende Verlust der Wertschätzung eines Elitisten unbewusst schwerer als die Mehrarbeit, die er durch die Leistungsvermeidung des Elitisten zu tragen hat. Was sich ein wenig masochistisch anhört, gewinnt an Rationalität, sobald man diese unbewusste Entscheidung in den Raum des Bewussten überträgt, indem man sich fragt: Was ist mir in der aktuellen Situation mehr wert: der Erhalt seiner Wertschätzung, oder dass er seine Arbeit macht?

WAS WILL DER ELITIST?

Der Schlüssel für die Entelitisierung liegt in der Motivlage von Menschen, die weniger leisten, als sie könnten: Menschen, die Leistung vermeiden, tun das nicht in erster Linie, um etwas zu vermeiden, sondern um etwas zu erlangen. Bei Stefan ist es offensichtlich: recht haben.

Stefan möchte in gewissen Sachfragen einfach immer recht haben. Man kann das als Ehrgeiz, Streben nach Distinktion, Verhaltensprädisposition, Statuswahrung oder inneren Zwang bezeichnen – das ist nicht so wichtig. Wichtiger ist: Menschliches Verhalten dient einem Ziel. Ist das Ziel erreicht, hört das Verhalten auf (und der Mensch sucht sich ein höheres oder anderes Ziel, dem er nachstreben kann).

Deshalb sorgen Verena und einige ihrer Kolleginnen und Kollegen dafür, dass das Verhaltensziel der Elitisten in ihrem Team so früh wie möglich erreicht wird – und zwar prophylaktisch. Also noch bevor der Rechthaber zu seiner Arie ansetzt, bevor die Selbstdarstellerin mit ihrem Selbstdarstellungsdrama beginnt oder der Aufmerksamkeitssüchtige wortgewaltig und zeitintensiv um Aufmerksamkeit buhlt. Wenn es im Meeting des Führungsteams also wieder um eine strittige Frage geht, bei der ein fünfminütiger Vortrag Stefans zu erwarten ist, kommt Verena diesem zuvor. Indem sie etwa sagt:»An dieser Stelle möchte ich an Stefans Ausführungen vom letzten Mal erinnern, der ganz klar gesagt hat, dass Variante A des Antriebs trotz guter Leistungswerte viel zu kurze Wartungsintervalle erfordert. Danke Stefan, dass Sie das unermüdlich zur Sprache bringen.« Genau das tut er diesmal jedoch nicht. Weil Verena es ja bereits zur Sprache gebracht hat: Er hat recht, ohne etwas sagen zu müssen! Tatsächlich hat Verena ihm damit einen Gefallen getan – und dem Team. Denn ihre »Rechthaberei« dauert gefühlte zehn Minuten weniger als Stefans Monologe. Ist das Manipulation?

Ja, das ist es.

Aus diesem Grund verzichten viele auf diese Art von Intervention. Sie geben dem Elitisten nicht, was er möchte – was nicht besonders rücksichtsvoll ist. Sie übersehen dabei aber noch ein Zweites: Es kommt natürlich trotzdem zu Schädigungen. Wird der Elitist nicht manipuliert, geht er seinen TeamkollegInnen mit seinen endlosen Monologen auf die Nerven.

Gibt man dem Elitisten, was er sich über den Umweg seiner Leistungsvermeidung wünscht, hört er meist auf, anderen auf die Nerven zu gehen. Erwünschte Nebenwirkung dieser motiv- und bedürfniszentrierten Intervention: In der Folge hört der Elitist nicht nur auf zu nerven, sondern macht auch meist noch seine Arbeit, die er vorher womöglich vermieden hätte, weil er derart damit beschäftigt gewesen wäre, recht zu haben oder nach Anerkennung und Aufmerksamkeit zu fischen. Bekommt Stefan im Meeting den Eindruck vermittelt, dass er es am besten von allen weiß, liefert er danach tatsächlich bessere Ergebnisse ab und leistet mehr, als wenn er um die Deutungshoheit in Meetings hätte kämpfen und sich dabei hätte abkämpfen müssen. Das wusste schon die Bibel: Der Mensch lebt nicht vom Brot allein. Auch der Elitist nicht. Gibt man ihm jene Aufmerksamkeit und Anerkennung, nach der er strebt, leistet er mehr. Und gerne.

»Alles Große in der Welt wird
nur dadurch Wirklichkeit,
dass irgendwer mehr tut,
als er tun müsste.«

Hermann Gmeiner

8 DREI ZUKUNFTSSZENARIEN: WAS WIRD AUS DER LUSCHEN- GESELLSCHAFT?

DER STAND DER DINGE

»Während die einen bis zum Anschlag ackern, lümmeln andere selbstzufrieden in auf Unternehmenskosten eingerichteten Wohlfühloasen«, beobachtet das *manager magazin*.[13] Diese lümmelnde Pseudo-Elite sei »überfordert, gierig und überschätzt sich selbst«, zitieren die Autoren den Geschäftsführer einer Personalagentur in Dresden, Jakob Osman.

Dr. Thomas Krebs, Chirurg am Kinderspital in St. Gallen, äußert sich so: »Es scheint (...) immer weniger Menschen zu geben, die Freude daran haben, Führungsaufgaben mit Entscheidungsverantwortung zu übernehmen. Viele der jüngeren Ärzte wollen keine eigene Praxis aufmachen, leitende Positionen mit Endverantwortung in Kliniken sind heute erheblich seltener ein Karriereziel.«[14]

Die Pseudo-Elite ist in den Medien angekommen. Endlich. Viel zu lange war sie ein Tabu. Leistungsträger litten zwar viele Jahre unter den Eskapaden der Elitisten – aber sagen durfte man nichts! Sobald man den etwas bequemen Kollegen oder die sich auf Kosten anderer profilierende Kollegin kritisierte, wurde man beschimpft: Leistungstreiber! Panikmacher! Sklavenhalter! Kapitalist! Das ist der Stand der Dinge. Die einen rackern sich ab und gehen bis an ihre Leistungsgrenze, wenn nicht darüber hinaus. Die anderen schonen sich und bleiben unter ihren Möglichkeiten, lästern aber über Leistungsträger und machen sich über deren Klagen lustig. So sieht's aus. Jetzt. Wie wohl morgen?

Wenn das so weitergeht: Wo soll das noch enden? Werden die Elitisten uns ruinieren? Oder findet unsere Gesellschaft zu einem konstruktiven Leistungsethos (zurück)?

Es gibt in der Zukunftsforschung ein schönes Instrument: die Szenariotechnik. Keine Bange: Auf den nächsten Seiten nehmen wir die wissenschaftlichen Restriktionen der reinen Forschung und Lehre auf die leichte Schulter. Wir halten uns dabei an zwei wesentliche Kriterien der Szenariobildung: Plausibilität und Konsistenz (im Sinne von weitgehender Widerspruchsfreiheit). In weniger wissenschaftlichen Worten: Wir machen Gedankenspiele im Sandkasten möglicher und denkbarer Zukünfte.

SZENARIO I: DIE ELITISTEN-ZUKUNFT

Leistungsträger klagen häufig: »Wenn das so weitergeht, dann arbeitet … (hier, in dieser Abteilung, dieser Firma, Familie, diesem Lande) bald keiner mehr etwas!« Das ist meist polemisch gemeint. Seien wir mutig – oder einfach nur weitsichtig? – und fassen die Polemik als Prognose auf: Was, wenn es wirklich so kommt?

Was, wenn auf eine(n), der oder die sich voll in den Job reinkniet, neun kommen, die kritisierend und kommentierend um den Leistungssolisten herumstehen, die Arbeit aufhalten, natürlich absolut im Recht sind und immer alles besser wissen?

Viele Leistungsträger kommentieren lakonisch: »Ist bei uns längst Realität.« Nicht umsonst kursieren auf den unteren Ebenen Bürosprüche wie »Die sechs Phasen der Projektarbeit: Begeisterung, Ernüchterung, Panik, Bestrafung der Leistungsträger, Beförderung der Unbeteiligten, Vernichtung der noch brauchbaren Unterlagen.« Das ist reiner Zynismus. Doch leider läuft das mit der »Bestrafung der Leistungsträger« in vielen Firmen so ab. In Firmen, in denen bereits eine elitistische Firmenkultur die Oberhand hat, in denen Szenario I bereits, im kleinen Rahmen einer Firma, Realität ist.

Gelegentlich berichten mir Uni-Absolventen von Fehlgriffen bei der Wahl der ersten Stelle nach dem Abschluss: Das Unternehmen hat einen guten Ruf, bezahlt auch gut, doch intern regiert die Pseudo-Elite. Sie macht dem Neuling das Leben schwer. Hängt sich ein Absolvent, frisch von der Uni, mit vollem Enthusiasmus rein, weil er meint, das bringe ihn und das Unternehmen voran, hört er die abgegriffensten Plattitüden der Pseudo-Elite à la: »Das haben wir noch nie so gemacht!« Und nun stellen wir uns vor, diese aktive Leistungsabwertung grassiert nicht nur in einzelnen Firmen, Arbeitsgruppen, Abteilungen oder Familien, sondern in einer fernen oder nahen Zukunft überwiegend in der ganzen Gesellschaft: Dann sind wir in Szenario I angelangt. Die Elitisten haben die Macht übernommen. Ihre Kultur wurde zur Leitkultur: Leistungsvermeidung.

Leistung wird vorsätzlich und mit beachtlichem Aufwand bekämpft. Wer trotzdem überdurchschnittlich leistet, wird medial, politisch und sozial verfolgt. Als unmittelbare Folgen fallen uns spontan ein: Der Klimawandel kann nicht mehr aufgehalten werden, weil seine Abwendung herausragende Anstrengungen erfordert, die in diesem Szenario schlicht nicht mehr in ausreichendem Umfang und mit der nötigen Schnelligkeit erbracht werden können. Und die Folgen des Klimawandels werden nicht mithilfe neuer Technologien bekämpft oder gemildert, weil auch für die Entwicklung dieser neuen Technologien außerordentliche Anstrengungen nötig wären. Die Digitalisierung der Wirtschaft verschleppt sich oder wird verschlafen. Multiresistente Keime machen sich breit. Ganze Länder und Regionen werden unbewohnbar. Europäische Großstädte versinken in Smog und Verkehrslärm. Das Elektroauto kommt und kommt nicht. Und so weiter: Kaum eine der großen Herausforderungen unserer Zeit wird gemeistert werden können. Denn diese Aufgaben erfordern, dass sich alle oder zumindest eine kritische Masse an Engagierten tatsächlich dafür engagiert und ihr Bestes gibt – und nicht bloß Dienst nach Vorschrift oder Work-Life-Balance macht.

Grassiert das Szenario lediglich in einem Land, sagen wir Deutschland, wird dieses Land international abgehängt und von China und anderen Ländern, die heute noch als Schwellenländer gelten, überholt. Denn China und andere (asiatische) Länder pflegen seit Jahrhunderten ein starkes Leistungsethos.

Wie gesagt: Leider ist das in vielerlei Hinsicht kein wirkliches Zukunftsszenario, sondern harte Realität. Deshalb fragen mich Betroffene: Was fange ich in so einem System an, wenn ich gerne mehr als das Allernötigste leisten möchte?

Ob wir Szenario I für eine komplette Zukunft, eine ganze Gesellschaft oder lediglich für einzelne Firmen, Projektgruppen und Familien betrachten, bleibt sich im Prinzip gleich: Viele Bewältigungsstrategien passen auf beide Anwendungen. Zum Beispiel Flucht. Etliche Leistungsträger flüchten aus solchen Systemen. Das ist die einfachste und schnellste Lösung – wenn sie realistisch ist. Also: Den Arbeitgeber wechseln, wenn der Arbeitgeber infiziert ist und es Alternativen gibt. Auswandern, wenn eine Nation in der Zukunft überwiegend davon befallen sein sollte und es noch Länder auf der Landkarte gibt, die nicht infiziert sind. Wobei: Keine Gesellschaft ist ein monolithischer Block. Es wird auch inmitten einer überwiegend elitistischen Gesellschaft immer Enklaven der Leistung geben, Inseln der Leistungsbereitschaft. Diese wollen gesucht und gefunden werden. Das unterscheidet sich im Prinzip nicht von der heutigen Suche nach dem Traumjob, dem perfekten Arbeitgeber: Wer wechseln kann, wechselt so lange und so oft, bis er oder sie einen Arbeitsplatz findet, an dem er oder sie noch sein und ihr volles Potenzial ausschöpfen kann. Interessant wird das Szenario I, wenn man nicht wechseln kann oder möchte.

Dann muss man als Leistungswilliger unter Leistungsunwilligen leben, die einen negativ sanktionieren, sobald man über das Durchschnittsniveau hinaus leisten möchte. Man könnte sich natürlich nach unten anpassen. Viele machen das. Interessanter ist das, was jene machen, die sich nicht anpassen: Sie gehen in den Untergrund.

Schon heute agieren einige Entwicklungs- und technische Abteilungen, aber auch diverse Stäbe und Arbeitsgruppen von Unternehmen aus dem Untergrund heraus – wohlgemerkt: aus dem Untergrund des eigenen Unternehmens heraus. Natürlich kündigen viele Betroffene auch, machen sich selbstständig oder gründen ein Start-up. Andere tüfteln nach Feierabend oder an Wochenenden dann eben ohne Belästigung durch Elitisten in der eigenen Garage oder im Keller. Diese Auswege aus dem Szenario gibt es seit Jahren. Da viele Betroffene diese Auswege jedoch nicht gehen wollen oder können und im Unternehmen bleiben und leisten wollen oder müssen, würde ich gerne diesen »ausweglosen« Fall betrachten: Die Leistungsträger wollen leisten, werden dafür aber nicht anerkannt und dabei behindert. In Unternehmen, in denen das »Primat der Produktion« oder das »Primat des Vertriebs« gilt, gelten sie »weniger als nichts«, wie mir frustrierte und wütende Ingenieure und Techniker versichern. Wenn ich frage, wie man es in so einem Klima der Missachtung aushalte, sagen viele: »Es reicht uns, dass wir wissen, was wir tatsächlich leisten. Wenn wir keine genialen Lösungen mehr liefern, geht auch der Vertrieb den Bach runter.« Warum wählen Leistungsträger eine derart guerillahafte Bewältigungsstrategie?

»Weil man dann wenigstens in Ruhe gelassen wird!«, so die einhellige Antwort. Während die Elitisten auf allen verfügbaren Bühnen um Beifall buhlen und sich im Wettstreit um Applaus gegenseitig auszustechen versuchen, sind Leistungsträger, die sich an diesem Wettkampf der Eitelkeit nicht beteiligen, auch nicht Gegenstand desselben. Man lässt sie in Frieden. Sie können in Ruhe ihre Spitzenleistung bringen – solange sie damit keine Wellen schlagen. Elitisten verstehen das nicht: »Ich erwarte selbstverständlich Anerkennung für meine Leistung!« Viele Leistungsträger verstehen wiederum das nicht: »Ich weiß besser als jeder andere, was ich leiste. Dafür brauche ich nicht den Schulterklaps von einem, der nicht annähernd nachvollziehen kann, was ich geleistet habe.«

Es gibt viele Menschen, die heute schon in so einem Leistungsexil inmitten einer Elitisten-Kultur leben und arbeiten. Im Stillen. Fast heimlich. Vielen Leistungsträgern ist es egal, ob sie Beifall bekommen. Sie wissen, dass sie Champions sind – sagen die Leistungsträger. Der Elitist verzweifelt am unreflektierten Grundbefinden: »Wie kann ich wissen und genießen, dass ich Champion bin, wenn ich keinen Beifall höre?« Das ist der aktenkundige Unterschied zwischen extrinsischer und intrinsischer Motivation. Im Endeffekt macht dieser Unterschied aber keinen Unterschied.

Denn für den Rahmen von Szenario I reicht es zu wissen: Auch wenn Elitisten die gesellschaftliche Macht übernommen haben werden, können Leistungswillige gut und gerne im Untergrund leben und leisten. Spitzenleistung ist dann zwar im Schatten der notorischen Selbstdarstellung der Pseudo-Elite, aber immerhin noch machbar, möglich und genießbar – für den Leistungswilligen. Die Frage ist: Wie reagiert die Mehrheit der Elitisten auf diese Leistungsguerilla? Wird sie die herausragenden Leistungen der Guerilleros dankend oder eben mit Undank annehmen, genießen und den Applaus dafür vereinnahmen? Wird sie sich in diesem Szenario bequem einrichten und es ausnutzen, dass andere für sie leisten? Oder wird die Pseudo-Elite alles daransetzen, diese leistungswillige Subkultur, diesen Stachel im Fleisch, der sie jeden Tag an ihre eigene Passivität erinnert, mit Stumpf und Stiel auszurotten?

SZENARIO II: KULTURKAMPF

Gestalten wir das Szenario etwas ausgewogener: In diesem Szenario regiert nicht die mehrheitliche Elitisten-Herrschaft aus Szenario I, weil die Pseudo-Elite nicht groß oder einflussreich genug ist, um übergreifend kulturbildend für eine ganze Gesellschaft, ein ganzes Unternehmen, eine ganze Familie wirksam zu sein. Die Auseinandersetzung zwischen Leistungsträgern und Elitisten ist (noch) ausgeglichen, wenn auch streitbar: Es tobt der Kulturkampf.

Der Frontverlauf ist verhärtet: In jeder Familie, Firma und Nation stehen sich die beiden Lager lautstark und unversöhnlich gegenüber. Betrachten wir unser übliches Standardbeispiel und eskalieren es – wir können das, wir sind in einem Szenario, einem Gedankenspiel: Abteilungsleiter (Kollege, Familienmitglied, Vereinskollege ...) X liefert die vereinbarte Leistung ab, Abteilungsleiter (Kollege, Familienmitglied, Vereinskollege ...) Y liefert wie häufig nur passende Ausreden oder halbe oder verspätete Leistung. Der Kampf entbrennt: Sofort schaltet X Betriebsrat, Gewerkschaftsvertreter, Vorgesetzte und Gleichgesinnte aus dem Netzwerk der Leistungsträger ein, damit sie ihm zur Seite stehen – Y macht dasselbe. X möchte, dass Y seine Schuld eingesteht und die zugesagte Leistung liefert. Y möchte, dass seine objektiv als solche erkennbaren Ausreden akzeptiert werden und er in Ruhe gelassen wird. Beide Positionen sind unvereinbar. Meetings werden einberufen und enden im offenen Konflikt, die Produktivität stürzt ab, die Transaktionskosten erreichen prohibitive Höhen, Unternehmen gehen in den Ruin, es kommt zu Handgreiflichkeiten – der Eskalation sind keine Grenzen gesetzt. Was die Wirtschaft spaltet und ruiniert, setzt sich auf gesellschaftlicher Ebene fort.

Es gibt Parteien und Verbände für Leistungsvermeider und Parteien und Verbände für Leistungsträger. Diese Organisationen bekriegen, bekämpfen und verklagen sich gegenseitig in wechselndem Ausmaß und wechselnder Härte. Ämter, Behörden, Positionen werden nicht nur »nach Parteibuch« besetzt, sondern nach Zugehörigkeit zu einer der beiden Lager. Regierungen und Ministerien versuchen, ihre Reihen zu schließen und Andersdenkende aus den Positionen zu entfernen. Das jeweils andere Lager versucht dann, diese »Zitadellen« zu erobern, Maulwürfe einzuschleusen, Brückenköpfe zu errichten und schließlich das Amt, die Behörde, die Regierung, die gesellschaftliche Institution, das Unternehmen zu übernehmen.

STRATEGIE FÜR SZENARIO II: LEISTUNGSETHOS

Wer die zugegebenermaßen heftigst eskalierte Entwicklung in Szenario II betrachtet, fragt sich unwillkürlich: Wie konnte das bloß passieren? Wie konnte es so weit kommen?

Es gibt einige Gründe dafür. Ich würde gerne auf einen bestimmten Grund fokussieren, auf einen zentralen Wert. Es ist ein Wert, der viele Jahre vor der beschriebenen Eskalation des Szenarios bereits in breiten Schichten der betroffenen Gesellschaft, Firma oder Familie aufgegeben worden sein muss: ein einheitliches, definiertes, weitgehend konsensuelles Leistungsethos.

Damit es so überhaupt so weit kommen konnte, muss ein definiertes Leistungsethos zum Beispiel komplett aus den Anforderungsprofilen eines Unternehmens verschwunden sein. Deshalb konnte das Recruiting, die Personalabteilung zahlreiche Kandidatinnen und Kandidaten mit extrem gegensätzlichen Leistungsvorstellungen einstellen: eben extreme Leistungsträger und extreme Leistungsvermeider, die nicht schon beim ersten Bewerber-Interview erkenntlich zutage treten, sondern erst in der ultimativen Eskalation, im offenen, produktivitätsvernichtenden Kulturkampf. Also erst, wenn es zu spät ist. Das ist das Problem – und die Lösung, respektive die Strategie der Wahl für dieses Szenario: Was verloren gegangen ist, muss zurückgewonnen werden, nämlich ein einheitliches Leistungsethos. Es gibt Unternehmen und Konzerne, die für diese »Rückgewinnung« Projekt- und Arbeitsgruppen, ja manchmal sogar eine Stabsstelle einrichten. Die heißt dann natürlich nicht »Rückgewinnung Leistungsethos«, sondern eher »Stabsstelle Strategische Unternehmenskultur«. Das ist der Top-down-Ansatz. Andere machen es lieber Bottom up und lassen in jedem Inhouse-Seminar, jedem Workshop, jedem Teamcoaching ein Modul oder eine Unterrichtseinheit »Ziele und Werte des Unternehmens« unterrichten, wobei ein zentraler didaktischer Wert natürlich das angestrebte einheitliche Leistungsethos ist.

Ich behaupte nicht, dass dieses einheitliche Ethos den entbrannten Kulturkampf in diesem Szenario vermeiden kann. Doch zumindest bietet es einen Ausweg diesseits der eskalativen Handgreiflichkeiten: Wir streiten uns (in dieser Szenario-Zukunft) dann nicht um unvereinbare Positionen, sondern verhandeln über die Definition und Ausgestaltung eben dieses Leistungsethos. Gemeinsam, beide Seiten. Diese Verhandlung kann und wird immer noch hitzig sein. Doch es ist dann eine Verhandlung; kein offener, hoch eskalativer Konflikt.

Wir verhandeln (in dieser imaginierten Zukunft, in diesem Szenario) darüber, was erst einmal jeweils für beide kämpfenden Seiten ein akzeptables, aber natürlich jeweils unterschiedliches Leistungsniveau ist, wie beide Seiten es definieren, messen und beurteilen wollen. Danach verhandeln wir darüber, für welche Aufgaben welches Niveau angemessen und verhältnismäßig sein könnte. Wir ordnen allen diskutierten Aufgaben entsprechende Leistungsniveaus zu – und damit jene Menschen, die auf diesem Niveau leisten können und vor allem wollen.

Das klingt aufwendig und kompliziert und das ist es immer. Es ist einfacher, einen handfesten Konflikt vom Zaun zu brechen. Es ist immer mühsamer, sich an den Tisch zu setzen und zu verhandeln – aber es wäre ein Ausweg aus dem tobenden Kulturkampf.

SZENARIO III: FRIEDLICHE KOEXISTENZ

Nach dem kämpferischen Szenario II begeben wir uns ins Gegenteil: Kein Kampf mehr, sondern friedliche Koexistenz. Ist das überhaupt denkbar, wahrscheinlich, realistisch?

Da rege ich mich viele Seiten über die Arbeitsunlust der Pseudo-Elite auf und dann komme ich mit friedlicher Koexistenz? Ja, heute ist das (nur) noch schwer vorstellbar.

Doch genau dafür gibt es Zukunftsszenarien: um sich das schwer Vorstellbare vorzustellen. Unter welchen hypothetischen, aber plausiblen und konsistenten Voraussetzungen könnten Leistungsfreunde und Leistungsfeinde friedlich zusammenleben?

Die Antwort bietet sich an: wenn sie sich uneingeschränkt gegenseitig akzeptieren. Das ist ein hehres und etwas schwer zu greifendes Abstraktum, das wir mit einem Praxisbeispiel aus dem Berufsalltag konkretisieren sollten.

Der Abteilungsleiter sagt: »Wir müssen unseren Messe-
stand komplett neu gestalten. Wir haben zwei Monate. Ich
habe das mal durchgeplant. Wenn jeder und jede in unserer
Abteilung vier der konzipierten Aufgaben übernimmt, können wir es schaffen!« Worauf ein Abteilungsmitglied erwidert: »Tut mir leid, ich werde nur zwei übernehmen, weil ich
mich gerade auf den Berlin-Marathon vorbereite.« Eine Kollegin sagt: »Ich werde in dieser Zeit zweimal eine Woche auf
Schulung sein.« Und ein Kollege sagt (ab): »Das ist mir zu
stressig. Ich übernehme höchstens drei Aufgaben.« Das ist
pure Polemik?

Nicht in diesem Szenario. Denn natürlich läuft das doch
heute faktisch oft schon so! Mit einem entscheidenden Unterschied: Keiner redet offen darüber. Der Vorgesetzte ver-
kündet das Soll von vier Aufgaben pro Kollege und Kollegin,
alle nicken eifrig und geloben zu liefern – aber der Marathonläufer liefert dann eben unvollständig ab, weil er immer
pünktlich trainieren ging. Das sagt er aber nicht, sondern:
»Tut mir leid, dieses Pensum war in der knappen Zeit einfach nicht zu schaffen!« Die Kollegin ihrerseits war still-
schweigend und ohne Ankündigung »dann mal weg«, auf
Schulung, die sie gut und gerne hätte verschieben können,
liefert ebenfalls unvollständig ab und reagiert empört, wenn
sie jemand darauf aufmerksam macht: »Es heißt doch immer, wie wichtig Qualifikation sei!« Und so weiter. Keiner
der Elitisten macht, was er hätte machen sollen und hätte
machen können, aber schuld sind wieder nur die anderen.
So läuft das heute meist. Nicht in diesem Szenario, nicht in
Szenario III.

In diesem Szenario leben beide Kulturen friedlich miteinander. Niemand muss etwas verschweigen. Alle stehen offen zu ihren Vorlieben und Neigungen. Wenn der Marathonläufer auf sein Training hinweist, entrüsten sich die

Leistungsträger nicht, sondern ein Kollege übernimmt dann eben das, was liegen bleibt – oder der Vorgesetzte holt Teilzeit- und Hilfskräfte herein. Weil alle den Marathonläufer und seinen Trainingsplan verstehen, als voll- und gleichwertig akzeptieren und vorbehaltlos respektieren. Klingt unwahrscheinlich? Unter welcher Voraussetzung könnte das denn funktionieren?

Voraussetzung ist, dass es einen Konsens darüber gibt, was Leistungsgerechtigkeit bedeutet. Der Kollege, der für den Marathonläufer übernimmt, übernimmt gerne, weil er dafür dann auch einen Anteil am Erfolgsbonus des Marathonläufers bekommt. Das ist nur gerecht: mehr Leistung, mehr Bonus. Der Marathonläufer tritt diesen Bonusanteil gerne ab, weil er das ebenfalls als fair empfindet, weil er dieselbe Auffassung von Leistungsgerechtigkeit teilt. Das ist der entscheidende Unterschied zu heute. Wer in Szenario III mehr leistet, bekommt auch mehr. Heute dagegen leisten viele Elitisten weniger, fordern dafür aber das Gleiche wie andere, die mehr leisten. Wie frech ist das denn?

Es ist (meist) nicht frech. Es liegt vielmehr daran, dass es in vielen Abteilungen, Firmen, Familien und Teilen der Gesellschaft kein gemeinsames Leistungsverständnis gibt. Der Minderleister glaubt mit bestem Gewissen, dasselbe verdient zu haben wie andere, die mehr leisten. Eine faktische, messbare Minderleistung erklärt und entschuldigt er flink mit schwer nachvollziehbaren Restriktionen, die für ihn viel härter waren als für alle anderen Kollegen. Am beliebtesten ist der Hinweis: »Ich hatte ja auch die schwerste Aufgabe von allen!« Hatte er oder sie tatsächlich?

Das lässt sich ohne Konsens über Leistungsverständnis, Leistungsbemessung und Leistungsgerechtigkeit unmöglich sagen. Deshalb ist das ein Zukunftsszenario: In der Zukunft von Szenario III ist dieses gemeinsame Leistungsverständnis erreicht worden. Sei es durch die prägende Kraft einer normativen Firmenkultur, sei es durch die formative Kraft der Eltern für eine leistungseinheitliche Erziehung oder sei es dadurch, dass jedem Schüler, jeder Schülerin nach Schulabschluss klar ist, was Leistung ist und was nicht.

MAN KANN DIE ZUKUNFT NICHT VORHERSEHEN, ABER GESTALTEN

Es gibt einige andere Szenarien, die wir diskutieren könnten. Leistungsträger träumen zum Beispiel manchmal von einem utopischen Phantasie-Szenario, in dem alle Menschen so kreativ wie Elon Musk (der Gründer von Tesla und Space-X) sein dürfen und sich so umtriebig austoben wie Jeff Bezos (Gründer von Amazon): Die Menschen in diesem Szenario leben ihre Kreativität und ihr Leistungspotenzial voll aus. Nicht als Pflicht oder aus Leistungszwang, sondern als Lifestyle eines erfüllten Lebens. In diesem Szenario ist es geradezu kollektiv (an)erkannter Lebenssinn, alles aus sich herauszuholen, alles auszuleben, was an Fähigkeiten, Talenten und Potenzialen in einem Menschen steckt. Diese Schaffensfreude fassen Leistungsträger in diesem Szenario als Freiheit zur Leistung auf, nicht als Leistungsdruck.

Zum Abschluss der Szenarien-Diskussion werden manche fragen: Ja, welche Zukunft kommt denn nun?

Nach acht Kapiteln zum Thema werden Sie meinen Verdacht teilen: Diese Frage riecht bereits leicht nach Elitismus. Man kann sich zwar die Zukunft vorstellen. Aber niemand kann sie vorhersagen. Aus diesem und einigen anderen Gründen sollten Gedanken über mögliche, wahrscheinliche oder denkbare Zukünfte nur einem Zweck dienen: Die Zukunft nicht passiv zu erwarten und als gegeben hinzuneh-men, sondern sie aktiv und initiativ zu gestalten. Diese Ge-staltung beginnt idealerweise nicht in der Zukunft, sondern in der Gegenwart. Gegenwärtig ist jedoch von Gestaltung wenig zu merken.

Ich bin immer wieder erstaunt darüber, wie widerspruchs-los und resignativ Ehe- und Beziehungspartner dem ande-ren, chronisch und notorisch säumigen Partner hinterher-räumen. Ich bin jeden Tag beim Aufschlagen der Zeitung enttäuscht darüber, dass ich fast ausschließlich von Skanda-len und Missständen lese und nur ganz selten über er-brachte und nachweisliche Leistungen. Ich bin geradezu entsetzt darüber, wie Elitisten sich im Arbeitsalltag vieler Unternehmen auf Kosten der eigentlichen Leistungsträger profilieren – und kein Vorgesetzter, aber auch selten ein Leistungsträger selbst schreitet ein, rückt die Tatsachen und die Verhältnisse zurecht oder widerspricht zumindest. Da-ran ließe sich etwas ändern. Wenn wir etwas dafür täten. Ge-nau das meine ich mit der Gestaltung der Zukunft: Zukunft kommt nicht. Sie wird gemacht. Von uns. Oder eben nicht.

NACHWORT ZUR WORK-LIFE-INTEGRATION

Nein, ich habe nichts gegen Work-Life-Balance. Ich habe et-was gegen jene landläufige Auffassung dieser Balance, nach welcher Arbeit, Beruf und Leistung als Feinde des Privatle-bens und der Selbstverwirklichung betrachtet und bekämpft, begrenzt, beschnitten werden müssen. Dieses Missverständ-nis hat sich breitgemacht.

Ein Konzernvorstand, der für viele spricht, berichtete mir, dass sein Unternehmen seit zwei Jahren seinen Führungskräften deutlich mehr Entscheidungsspielraum und Gestaltungsfreiheit gebe: »Jahrelang haben die Kollegen und Kolleginnen sich über die rigiden Strukturen und unsere arthritischen Entscheidungsprozesse beschwert und mehr Freiräume gefordert. Doch Stand heute nutzen lediglich ungefähr ein Viertel bis ein Drittel von ihnen diese neuen Spielräume!« Warum?

Weil sie, so der Vorstand, etwas übersehen haben: Wer die größeren Entscheidungen selbst treffen will, trägt auch die größere Verantwortung, mehr Konsequenzen und die größere Arbeitslast der Entscheidung – und davor scheuen sich zwei Drittel bis drei Viertel seiner Führungskräfte. Sie wollen mehr Freiheit, aber weniger Verantwortung, was ein philosophischer Widerspruch ist, den zu lösen der Vorstand weder willens ist noch sich in der Lage sieht. Er sagt: »Die wollen die Extra-Befugnis, aber nicht die Extra-Meile gehen.« Er nennt das »die Verweichlichung des Managements«.

In einem zynischen Moment polemisiert er: »Bei einigen meiner Leute reicht es bereits, wenn ich sie bloß scharf anschaue – und schon melden die sich in der Burn-out-Klinik!« Wie gesagt: Das ist die Polemik eines frustrierten Leistungsträgers, der Tag für Tag voranstürmt und bei gelegentlichen rückwärtigen Blicken enttäuscht feststellt: Die Mehrheit seines eigenen Führungsteams folgt ihm nicht. Niemand von den Zurückbleibenden begründet und rechtfertigt das mit der Burn-out-Klinik. Nein, die stehende Begründung für die »Arbeitsverweigerung«, wie der Vorstand das nennt, ist: Die aktuelle oder geforderte Leistungsanforderung sei nicht vereinbar mit einer ausgewogenen Work-Life-Balance. Der Begriff der Work-Life-Balance ist trendiges Modewort und Totschlagargument in jeder Diskussion, in der mehr Leistung gefordert wird. Dieses Begriffsverständnis setzt Arbeit und Leistung in Widerspruch und Gegensatz zu Privatleben und Sinnerfüllung.

Seit sich dieses Begriffsverständnis durchgesetzt hat, rudern selbst eingefleischte Befürworter einer sinnvollen Work-Life-Balance zurück, weshalb immer häufiger ein neuer Begriff auftaucht: Work-Life-Integration. Diese Begriffsunterscheidung finde ich wesentlich.

Work-Life-Balance wird heute leider häufig verstanden als »Life vs. Work«. Wohingegen die neuere Work-Life-Integration die Arbeit eben als selbstverständlichen Bestandteil des Lebens (neben anderen Dingen wie Familie, Sport, Ehrenamt ...) betrachtet. Auf eine griffige Formel verkürzt, meint diese neue Integration: Life = Work + X. Danach kann und soll jeder und jede selbst entscheiden, wie er und sie diese Formel gestalten möchte. Was diese Formel weder beinhaltet noch empfiehlt, ist das heute noch gebräuchliche Abwälzen von Aufgaben auf andere, um den eigenen Nutzen zu maximieren. Dazu brauchen wir nicht unbedingt die Formel.

Das können wir auch aus dem Stand. Wir können jetzt schon, jederzeit und überall reflektieren, wann wir (oft auch unbeabsichtigt, einfach gedankenlos) Arbeiten, Aufgaben und Leistungen übersehen, ignorieren und in Folge oder explizit dann anderen aufbürden, die die nötige Arbeit dann für uns übernehmen müssen. Das beginnt beim arg strapazierten Kaffeebecher und endet bei der Übernahme von Aufgaben im Rahmen von Maßnahmen, Projekten, gesellschaftlichen Engagements oder auch Familiendiensten. Der öfters erwähnte Kaffeebecher ist ein anschauliches Beispiel; er steht für den ersten kleinen Schritt auf dem Weg in eine leistungsfreudigere Zukunft – auf der einen Seite.

Auf der anderen Seite könnten wir damit anfangen, den Leistungsvermeidern nicht so oft wie derzeit noch üblich alles durchgehen zu lassen, den Mund aufzumachen und gegebenenfalls auch Konsequenzen anzukündigen und zu ziehen. Das können wir sowohl als Vorgesetzte, Führungskraft wie auch als Kollege oder Kollegin, Familien- oder Vereinsmitglied auf Augenhöhe.

Meine Überzeugung ist: Wir erreichen ein sinnvolles und erfülltes Leben nicht dadurch, dass wir unsere Leistungspotenziale beruflich und gesellschaftlich brachliegen lassen und uns aufs Privatleben konzentrieren, sondern dass wir in möglichst vielen Bereichen und Situationen unseres Lebens aus dem Vollen sämtlicher unserer Begabungen, Fähigkeiten und Neigungen schöpfen.

Schonhaltung ist einfach und bequem, erfüllt aber nicht wirklich. Nur Leistung im Rahmen der voll ausgeschöpften eigenen Potenziale, Anlagen und Fähigkeiten ermöglicht nachhaltige Lebenszufriedenheit, persönliche Weiterentwicklung, charakterliche Reifung, Erfüllung und Glück. Das wünsche ich uns allen.

DANK

Mein herzlicher Dank geht an das ganze Lehrstuhlteam, an meine Assistentinnen und Assistenten, an meine Sekretärin und insbesondere an Bernhard Roßmann – für ihre kreativen Anregungen, und dass sie mir in der Zeit der Manuskripterstellung den Rücken freihielten. Mein Dank auch an die Kolleginnen und Kollegen der Friedrich-Alexander-Universität Erlangen-Nürnberg für Inspiration und Freiraum zum Querdenken.

Ich widme die Gedanken dieses Buches meinen Kindern als Dank für ihre vielfältigen Impulse und als Ansporn, in Großvaters Fußstapfen zu treten und leistungsfreudig in die Zukunft zu schreiten. Danke auch für die investierte Familienzeit!

Allen Industriepartnern und Sponsoren des Lehrstuhls danke ich für ihre außerordentlichen bis atemberaubenden Einblicke in die beiden Extrempole des Leistungsgedankens quer durch alle Branchen, insbesondere Sven Markert für seine Fallbeispiele und positiven Beobachtungen aus der Praxis. Waltraud Berz danke ich für die konstruktive und effiziente Begleitung des Manuskriptes.

ANMERKUNGEN

1 Claudia Tödtmann: »Begraben unter Projekten. Führungskräfte sind völlig überfordert«, *WirtschaftsWoche.de*, 30.06.2017. Online: http://www.wiwo.de/erfolg/management/begraben-unter-projekten-fuehrungskraefte-sind-voellig-ueberfordert/20002586-all.html

2 Roland Paulsen: *Empty Labor. Idleness and Workplace Resistance*, Cambridge University Press, Cambridge 2014

3 PewResearchCenter: »Millennials: Confident. Connected. Open to Change«, 2010

4 Roland Paulsen: a. a. O.

5 Mourshed, Mona, Diana Farrell, and Dominic Barton. »Education to Employment: Designing a System That Works.« McKinsey Center for Government 18 (2012): 1-7.

6 Nink, Marco: „Gallup Engagement Index 2016", Berlin

7 Eva Buchhorn, Dietmar Student: »Wer arbeitet hier eigentlich noch?«, *manager magazin*, Oktober 2017, S. 91–98

8 Alexander Riedel: »Bei Start-ups ist Erfolg die Ausnahme«, *Der Tagesspiegel*, 11.02.2013

9 Hans-Joachim Maaz: *Der Lilith-Komplex. Die dunklen Seiten der Mütterlichkeit*, C. H. Beck, München 2003

10 Emmy Werner: *The Children of Kauai. A longitudinal study from the prenatal period to age ten*, University of Hawai'i Press, Honolulu 1977

11 Carol Dweck: *Selbstbild: Wie unser Denken Erfolge oder Niederlagen bewirkt,* Campus, Frankfurt a. M. 2007

12 Eric Berne: *Die Transaktionsanalyse in der Psychotherapie,* Junfermann, Paderborn 2001

13 Eva Buchhorn, Dietmar Student: a. a. O.

14 Zitiert nach Cathrin Gilbert: »Handelsdefizit«, *ZEITmagazin* 44/2017, 26.10.2017, S. 20